大探索

危機就是轉機，

古生物生存圖鑑

監修：探究學舍　翻譯：李彥樺　審訂：蔡政修
（國立臺灣大學生命科學系助理教授）

演化的背後，隱藏著弱者求生的故事

歡迎來到生物演化的世界。
這本書要說的，是「人類」如何延續生命至今的故事。

為什麼我們會有眼睛和手腳？
為什麼人類是用兩條腿直立行走？
恐龍時代的人類祖先長什麼樣子？

讓我們一起來回顧生物的演化歷史，解開這個演化之謎吧！

在本書中，各種五花八門的古生物會陸續登場，
例如：皮卡蟲、真掌鰭魚、
三尖叉齒獸、修修尼猴……等。

你可能會覺得這些古生物看起來都那麼可愛，那麼弱小，讓人不禁為牠們擔心。

這些「人類」的祖先，為什麼看起來那麼柔弱又不堪一擊呢？其中隱藏著一個演化的大祕密。

人類的演化，其實就是弱者勇於求生的故事。正因為我們的祖先非常柔弱，每當遇上危險，牠們只好不斷改變自己的身體構造與樣貌，以求生存下去。

在地球46億年的歷史之中，發生過哪些危機？這些古生物又是如何化解危機，度過難關？讓我們跟著皮卡蟲一起來見證牠們的演化故事。

——**探究學舍**

危機就是轉機，

古生物生存圖鑑

看人類的祖先如何在每個危機中保住生命！

目次

PART 2

陸上激鬥篇

從皮卡蟲到人類之間的5億年

PART 3

跟隨我一起演化

大家熟悉的生物們

PART 4

時代的眼淚

古生代與中生代的驚奇生物

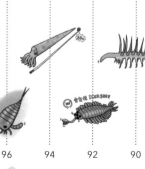

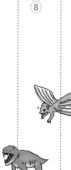

PART 5

5次地球生物大滅絕

那時我活得好痛苦

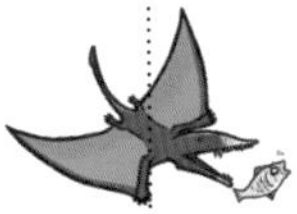

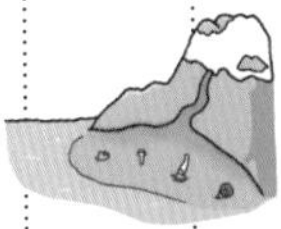

關於本書

對於生命演化的過程，目前在科學界有各種不同的理論和觀點，現代的我們沒有辦法親眼目睹古生物的真實面貌，所以本書的重心，是希望能夠激發孩子的想像力，認識古生物及其生存的時代，並對此產生興趣。

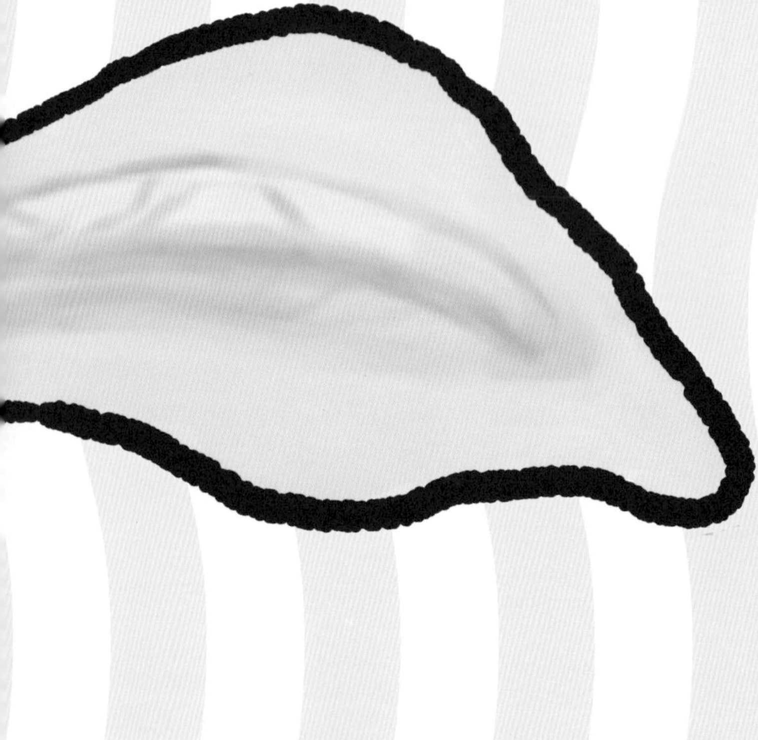

這是人類
5億年前的模樣

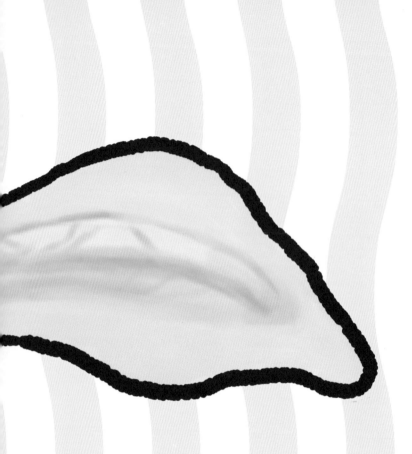

皮卡蟲

嗨，那邊那個！

看過來！看過來！

沒錯，說的就是你。

正在看這本書的你。

你是人類，對吧？

既然是人類，應該還記得我吧？

你心裡是不是正在想：

「你是誰啊？」

哼！

真是太過分了！

皮卡蟲妖精

我就是你呀！
5億年前的你！
什麼？你不相信？
這並不奇怪，
因為我們長得完全不像呢！

我花了5億年的時間，
演化成為人類。
過程中可說是吃盡苦頭，
遇到一次又一次的生存危機，
費盡千辛萬苦，
才終於變成人類。

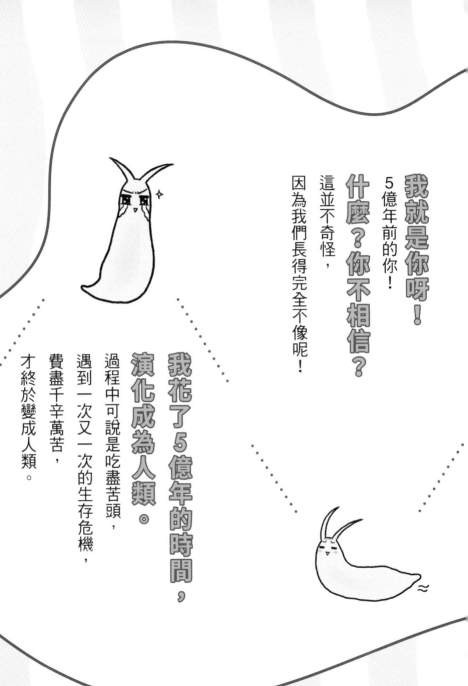

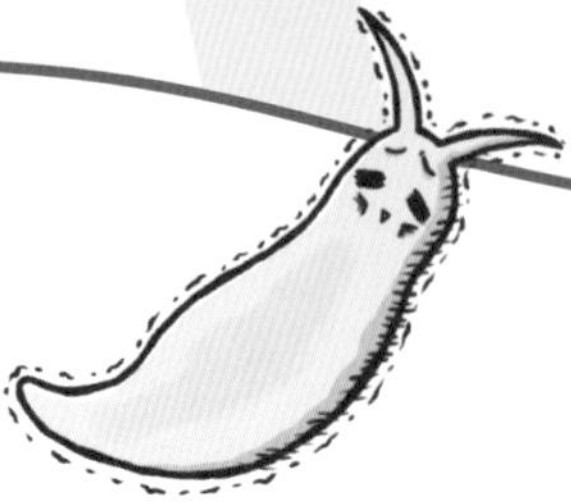

在這5億多年的歲月裡，
身邊許多同伴都滅絕了。
但我不僅沒有滅絕，還演化成為人類。
那些從很久以前就認識我的同伴，
都覺得不可思議，為什麼我能變成人類？

畢竟我看起來很弱，對吧？
嗯，我知道你在心裡說：「對」！
不過這也沒辦法，
我真的是很弱（淚）。
就是因為弱，才能演化成為人類。
那些厲害的傢伙都滅絕了。

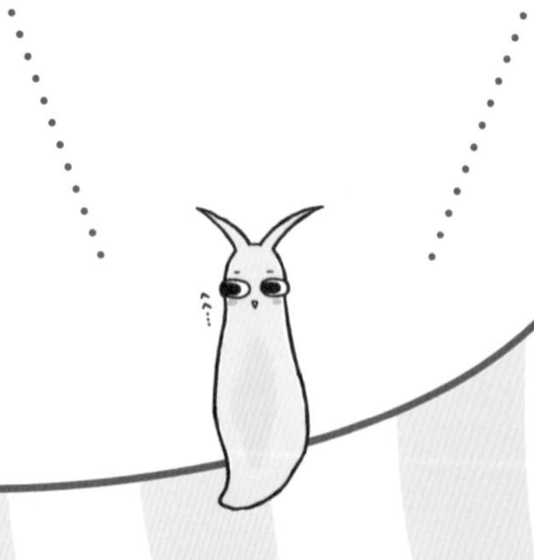

你是不是很想知道，我是怎麼變成人類，
以及這5億年間發生了什麼事？
接下來，我將告訴你這個長達5億年的故事。
但在此之前，我先問你一個問題：

你知道演化與滅絕的差別嗎？

啊，對了，還沒自我介紹呢！
我是一隻皮卡蟲妖精。
如今在地球上已經見不到皮卡蟲了，
不過皮卡蟲不是滅絕，而是演化成為人類。

演化的生物與滅絕的生物，
雖然兩者都已經不存在地球上，
但卻是完全不同的狀況。
讓我先從這個差別開始說起吧！

演化組！

「演化的生物」與「滅絕的生物」都已經不存在地球上，但牠們有什麼不同？

雖然遇上很多麻煩事，
但我順利演化成功。
現在的我有新名字，
日子過得很快樂。
如果想知道更多關於我的故
事，請看76頁。

磷灰獸（*Phosphatherium*）

演化與滅絕的差別

所謂演化，可以看作是一種歷經漫長歲月的「生命接力賽」。隨著時代和區域的不同，同一種生物會以不同的方式演化，成為各種不同的生物。關於生命的演化，現今科學界有好幾派不同的理論，隨著化石的發掘與研究，不斷有新的理論問世。在科學家眼裡，演化仍有許多細節尚待釐清。

皮卡蟲花了5億年的歲月，演化成為南方古猿（*Australopithecus*）。在這段歲月裡曾經存活過的古生物，如今都不存在了。其中只要是藉由演化改變樣貌，將生命的接力棒傳承下去的生物，本書便稱為「演化的生物」；相反的，如果全部死亡而沒有繼續演化的生物，就稱為「滅絕的生物」。

滅絕組！

我很強喲！
為了演化成強悍的生物，
我可是費了好大的功夫呢！
雖然我最後還是滅絕了……
但我並不後悔！如果想知道
更多關於我的故事，
請看30頁。

奇蝦（*Anomalocaris*）

為什麼生物會演化？

演化是生物為了「適應地球環境的變化」和「求生」所做的努力。當生物遇上危機，不改變自身形態就存活不下去時，就是演化契機。

每個時代都有一些位居食物鏈頂端的「最強生物」，但如今都滅絕了，這是因為牠們變得強大後，不再需要為了配合環境或躲避敵人而做出改變，也不需要為了存活下去而做任何努力，因此當環境突然發生巨大變化時，牠們無法及時因應，最終只能走上滅絕之路。此外，如果是兩種以上的敵對生物一起演化的狀況，稱為「共同演化」。因此，是否存在著敵人，也是能否演化的關鍵。

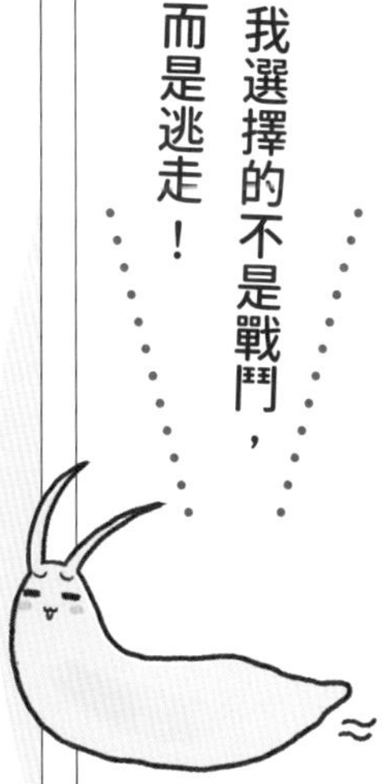
我選擇的不是戰鬥，
而是逃走！

從皮卡蟲到人類之間的5億年

激鬥篇

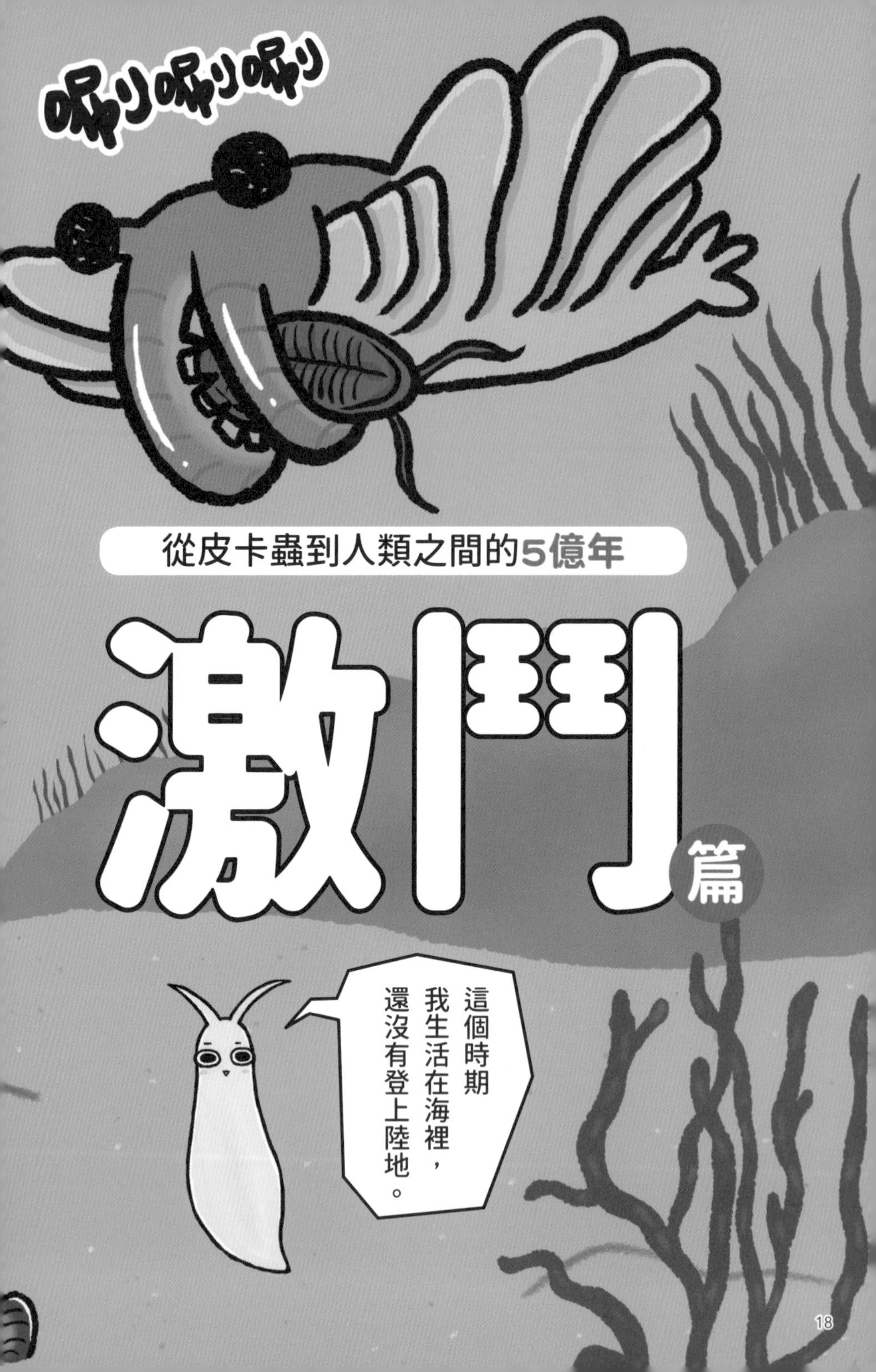
嚼り嚼り嚼り
這個時期
我生活在海裡，
還沒有登上陸地。

PART 1 水中

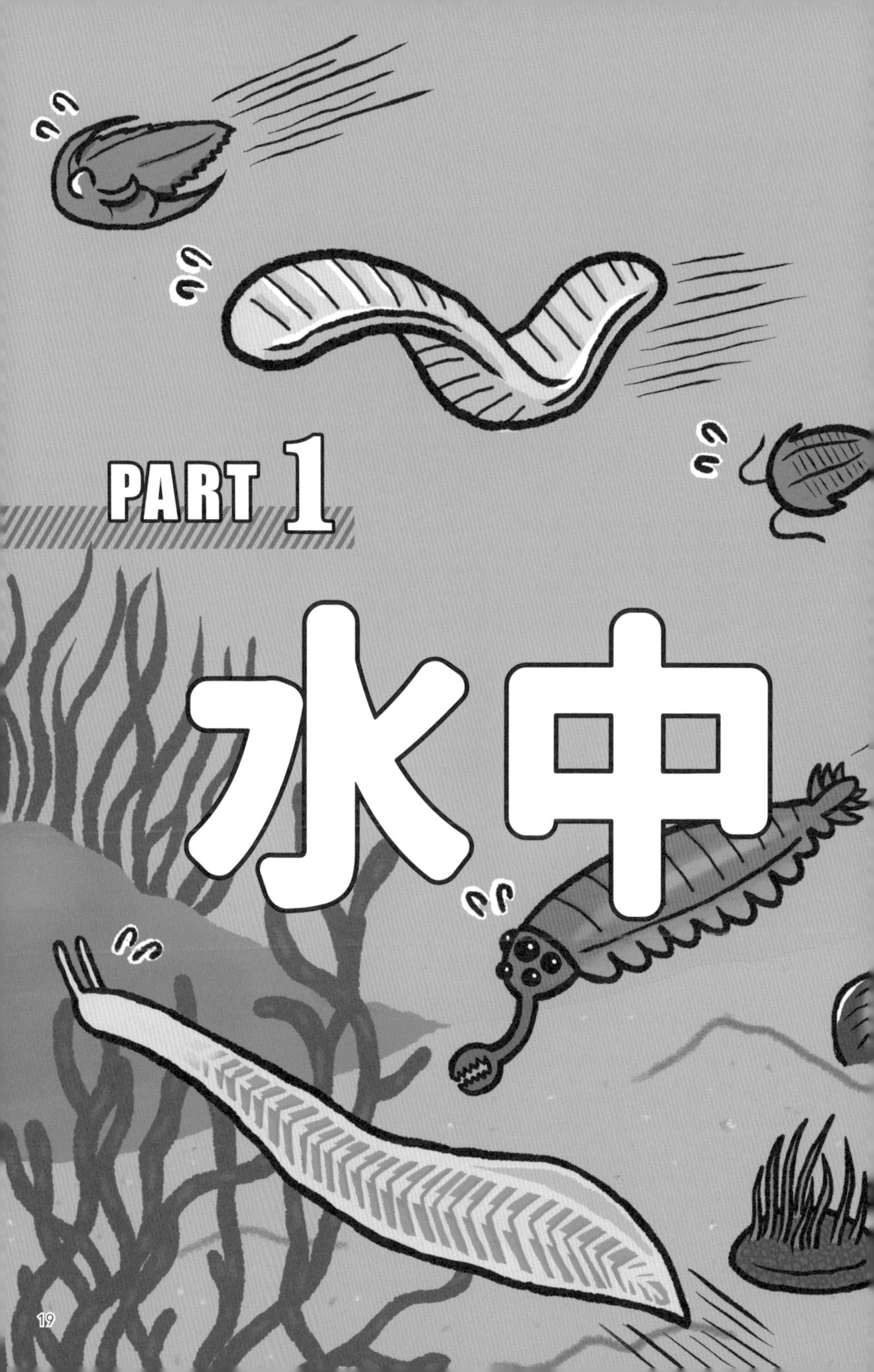

地球變化

原核生物登場

前寒武紀

約 46 億年～5 億 4000 萬年前

從地球誕生到寒武紀之前，這段時間超過40億年，統稱為「前寒武紀」。有些科學家會把這段時期又分成「冥古宙」、「太古宙」和「元古宙」。根據研究，地球最初的生物誕生於大約40億年前，屬於原核生物，也就是DNA沒有核膜包覆的生物。在原核生物誕生約10億年後，才開始出現真核生物。前寒武紀後期，地球環境發生劇烈變化，整個地球遭到冰凍。

開始出現弱肉強食的現象

寒武紀

5 億 4000 萬年前～4 億 8500 萬年前

在這個時期，地球迅速誕生各種不同面貌的生物，科學家把這個現象稱為「寒武紀生命大爆發」。海中開始出現有眼睛的生物、有嘴巴的生物、有脊椎的生物……等。由於生物種類和數量變多，開始出現弱肉強食的現象。當時的陸地稱為「岡瓦納大陸」，是由現在的澳洲、南極、非洲、南美洲等大陸所組成，但陸地上沒有生物，也沒有植物。

水中激鬥時代的

接石炭紀（P42）

泥盆紀

4 億 1900 萬年前
～3 億 5800 萬年前

這時出現有下顎的魚類，脊椎生物開始登上陸地，蕨類植物和種子植物在陸地上形成森林。

陸地上出現了森林

陸地上開始出現
巨大菌類生物

志留紀

4 億 4300 萬年前
～4 億 1900 萬年前

這時位居海洋食物鏈頂端的是板足鱟（*Eurypterus*）（請看96頁）、刺尾鱟（*Stylonurus*）等海蠍類生物。陸地上已經有陸生昆蟲和陸生維管束植物，也有高度將近8公尺的巨大菌類生物。

85% 的生物滅亡

奧陶紀

4 億 8500 萬年前
～4 億 4300 萬年前

這時北半球幾乎全部都是大海，早期氣候可能很溫暖，但是到了奧陶紀後期，氣溫驟降，地球環境出現巨大變化，大約85%的生物滅亡。

皮卡蟲誕生之前的地球故事

地球早在46億年前就已經誕生，但直到大約5億年前，我（皮卡蟲）才誕生。

科學家將我誕生的時代，命名為「寒武紀」；將我誕生前的時代，命名為「前寒武紀」。

前寒武紀長達40億年以上，是非常長的一段時間。生物圈裡的前輩告訴我，

前寒武紀是生物的和平時代，
生活的步調很慢，
生物演化的速度也很慢。

不過，畢竟是在我誕生之前的事，
詳情我也不太清楚。
我只知道前寒武紀的生物沒有嘴巴，
牠們在海裡隨波逐流，
以身體吸收海水中的養分。

在海中任意漂流的感覺，
應該很舒服吧？
不用擔心肚子餓，也不會被敵人吃掉，
真讓人羨慕！

生物的故事 從「前寒武紀」開始

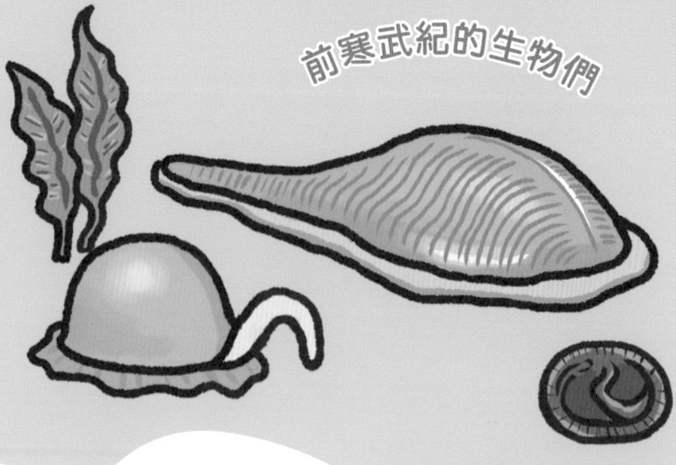

而我所生活的寒武紀，
是一個弱肉強食的時代，
強大的生物會吃掉弱小的生物，
如果不想辦法改變，就只有被吃掉的份。
所以我和同伴們必須選擇，
要成為可以吃掉其他生物的強大生物，
或是擅長逃走的敏捷生物。

總之，
那是一個不演化就無法生存下去的時代。
回想起來，真是一個辛苦的時代，
我吃了好多苦頭呢！

生物的故事
從「前寒武紀」開始

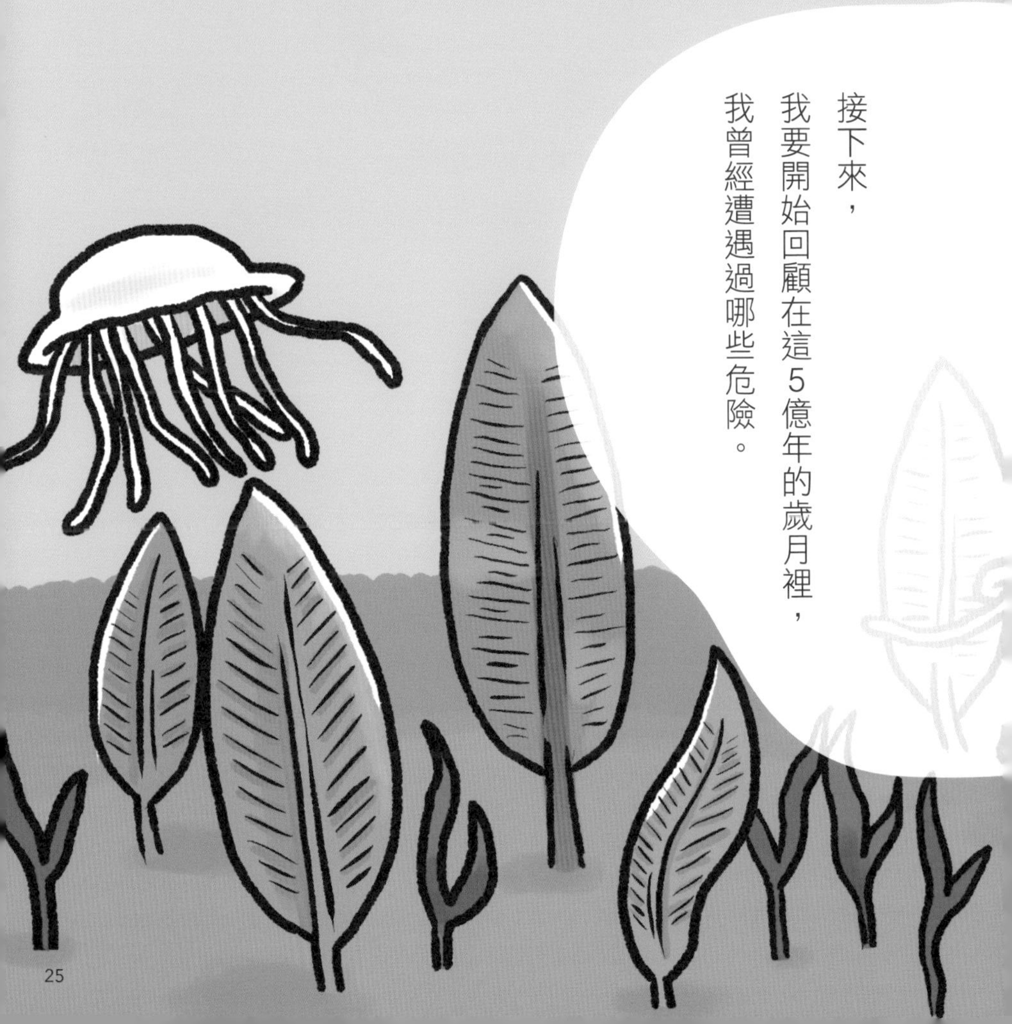
接下來，
我要開始回顧在這5億年的歲月裡，
我曾經遭遇過哪些危險。

哇——要被吃掉了!

危機 #001

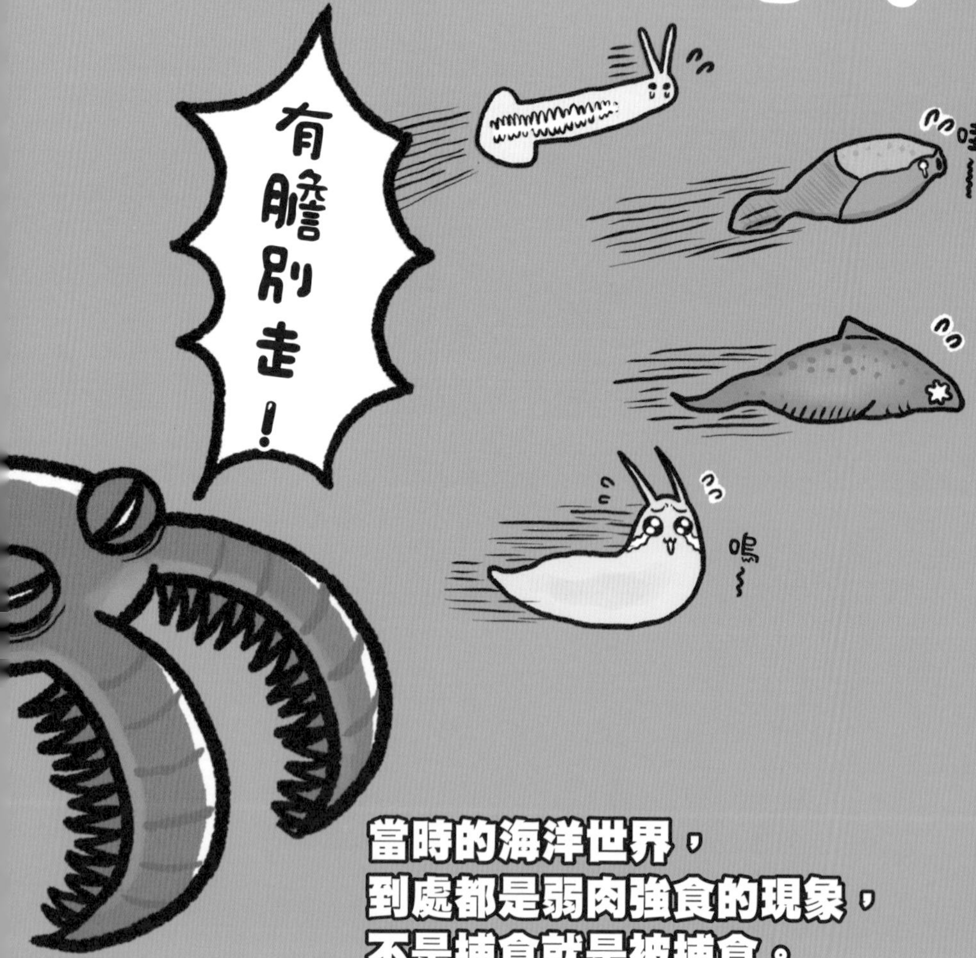

**當時的海洋世界，
到處都是弱肉強食的現象，
不是捕食就是被捕食。**

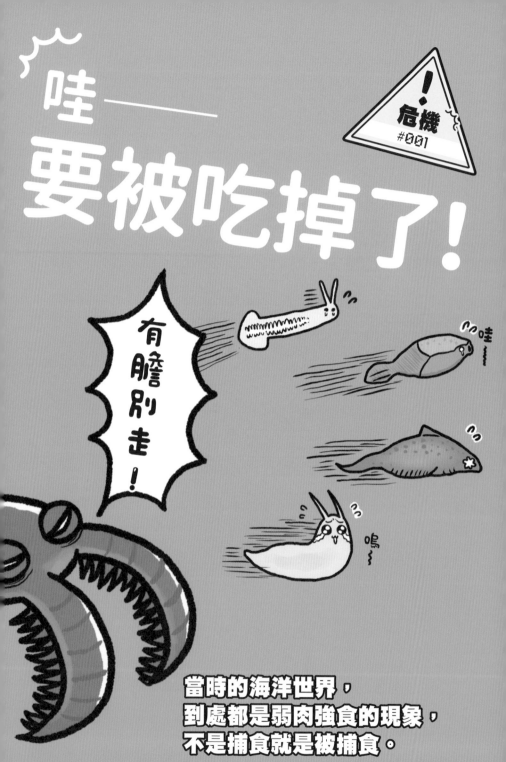

整個寒武紀最囂張的傢伙，就是奇蝦！雖然除了奇蝦之外，還有很多厲害的生物，但是奇蝦的體格比其他生物大很多，有些奇蝦的體長甚至將近1公尺，而我才6公分！並不是我特別矮小，而是當時絕大部分的生物都不超過10公分，相較之下，奇蝦在體長上占有極大的優勢，當然可以在生物圈中耀武揚威。

我很討厭打架，但是奇蝦每次看到我，都想和我打架。那傢伙不僅體型巨大，而且外貌長得很奇特，不僅有圓滾滾的眼珠，嘴巴前面還有兩隻觸手。不過，我聽說牠嘴巴的力氣還沒有強到可以把硬殼咬破……

總之，牠雖然有嘴巴，但是沒有下顎，所以身體柔軟的我就成為牠最喜歡的食物，每次看到我，牠都在後面窮追不捨。當然牠這麼做也是為了要活下去，但被盯上的感覺真可怕。老實說，我曾經好幾次都以為自己要滅絕了！

逃走是我唯一的生存之道！

除了逃走，還是逃走！

藉由演化
度過難關！
#001

【皮卡蟲（*Pikaia*）】

全長約6公分

形狀有點像現代的蛞蝓。在弱肉強食的寒武紀，許多生物都發展出堅硬的外殼，但皮卡蟲沒有硬殼，取而代之的是身體內部演化出「脊索」。「脊索」就像是細小的骨幹，雖然目前尚未有定論，但有科學家認為現代生物的「脊椎」，就是從「脊索」演化而來。

分類：脊索生物　全長：約6公分

奇蝦好幾次想找我打架，但我都沒有和牠正面對決，因為我打架很弱。每次奇蝦向我挑釁，我都是全力逃走。

幸好我的身體裡有類似骨幹的東西，所以逃跑速度非常快。我也不知道是因為一直逃跑，才演化出了骨幹，還是因為演化出骨幹，才能這樣一直逃跑，總之，在整個寒武紀，我逃跑的速度是一流的！

當時除了我之外，只有極少數生物擁有這樣的身體特徵。靠著這玩意，我逃得比誰都快，所以才沒有滅絕，成功將遺傳基因交接給下一個時代的子孫。

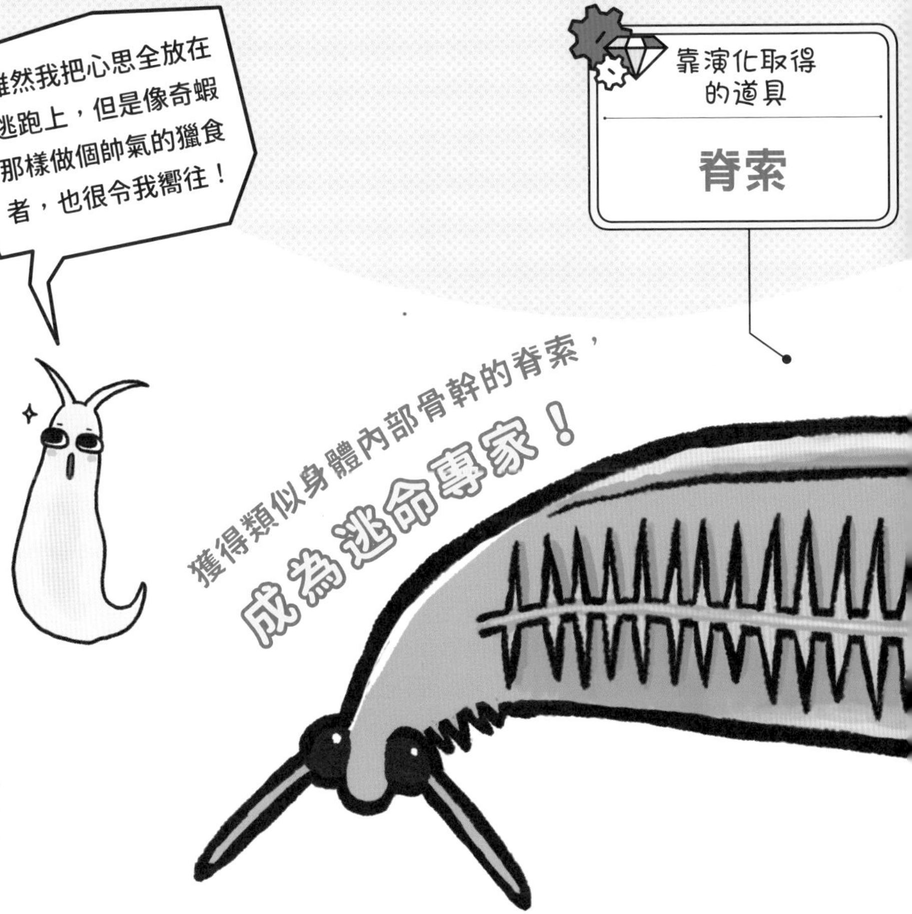
雖然我把心思全放在逃跑上，但是像奇蝦那樣做個帥氣的獵食者，也很令我嚮往！
靠演化取得的道具
脊索
獲得類似身體內部骨幹的脊索，
成為逃命專家！

寒武紀 最強 生物

大家都叫我奇蝦，但其實「奇蝦」是我整個家族的名稱，我的所有親戚都叫奇蝦，我自己有一個專屬的名字，叫作「卡納登希斯亞諾馬羅卡里斯」。不過這個名字實在太長了，你們就叫我奇蝦吧！我有個遠方親戚叫「辛布拉奇亞塔阿姆普雷克托貝魯亞」，還有個遠方親戚叫「維多利亞胡爾迪亞」……是不是難記又難念？所以你們只要記住我是奇蝦就行了。

想叫我逃走，免談！
看我演化得又大又強，
我要成為寒武紀的霸王！

全長約1公尺

寒武紀的生物之一，體型特別巨大，理論上最長可達 1 公尺，不過實際上達到 1 公尺的個體相當少。除了軀體龐大之外，還擁有一雙能夠發現獵物的「眼睛」，可以說是寒武紀最強生物。說到眼睛，寒武紀還有一個擁有5隻眼睛的生物，名叫歐巴賓海蠍（*Opabinia*）（請看92頁）。

分類：節肢生物　全長：約1公尺

【奇蝦（*Anomalocaris*）】

我不喜歡東逃西竄的生活，所以我不斷朝著變強的方向演化，最後我的身體才變得這麼巨大，其他生物一看到我，馬上逃之夭夭。尤其是皮卡蟲，那傢伙逃跑的速度有夠快，我給牠取了一個「急驚風」的外號。本來認為牠只是膽小的懦夫，但仔細想一想，能跑得那麼快也很值得尊敬。或許是因為我實在太可怕了，牠為了從我面前逃走，才練就一身逃跑的好功夫。

不是我自誇，我真的很厲害。在一望無際的大海裡，沒有任何一種生物是我的對手，大家一看到我，都嚇得直發抖。因為變得太強大，我有些得意忘形，竟然忘了繼續努力，讓自己更上一層樓。

環境這種東西，說翻臉就翻臉，只不過一眨眼功夫，地球的環境就完全改變，我也因此滅絕了。不過我並不後悔，能夠獲得「寒武紀最強生物」的稱號，也算是沒有白活！

到頭來，
我就是因為太強了，
疏於提防才會滅絕，
但我並不後悔！

搞什麼？為什麼變得這麼擁擠？

寒武紀結束之後，進入奧陶紀，地球環境開始出現巨大變化。當時我們都生活在一片名為「巨神海」的大海裡，巨神海的水深很淺，四面八

危機
#002
這裡已經夠擠了，你還生出那麼長的腳！
砰！
大陸板塊的移動
讓大海變得狹窄，
生物間的地盤戰爭越演越烈！
擁擠

方都被大陸包圍，太陽光能夠照進海中深處，以生活環境來說實在是好得沒話說。但是因為大陸板塊移動的關係，周圍的大陸不斷往中間推擠，大海的範圍越來越狹窄。

地殼的運動讓我們深深感受到地球也是有生命的，但是，生活空間越來越狹窄也讓我們傷透腦筋。大家每天你推我、我擠你，為了爭奪地盤不知發生多少次戰爭。在這樣的環境裡，我也沒辦法繼續乖乖當一隻皮卡蟲，只能嘗試演化成不同種的生物，想盡辦法把我的遺傳基因交接給後代子孫，那段日子簡直是活在地獄。

更慘的是，奧陶紀結束、進入志留紀的時候，四面八方的大陸竟然擠在一起，巨神海完全消失！這可真是害慘所有的生物，我心想，不能再這樣下去！我不能永遠當一個遇到事情只會逃走的軟弱生物，為了活下去，我必須變強，才能在地盤爭奪戰中勝出。於是我對天發誓，一定要變得像當年的奇蝦一樣強！

什麼？你竟敢這麼說我
擁擠
啪！

距離變成人類還有4億1000萬年

我要變得比誰都強，才能擁有自己的地盤！

但是……

【胴殼魚（*Dunkleosteus*）】

靠演化取得的道具

脊椎＋**下顎**

藉由演化

度過難關！

#002

雖然變得巨大又強壯，

但還是難逃**滅絕**的命運！

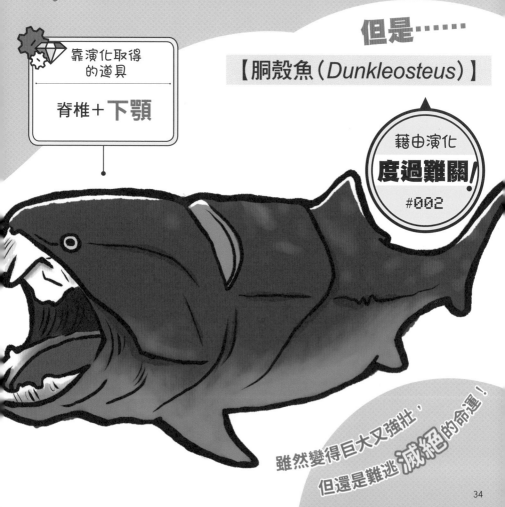

經過演化之後，我的名字變成「胴殼魚」。這名字一聽就知道很強，對吧？我已經不是當年那隻軟弱的皮卡蟲。如果沒記錯的話，當時我的體長將近有10公尺呢！

此時已經進入泥盆紀，距離我還是皮卡蟲的時代，已經過了1～2億年。現在我變得超強，就跟當年的奇蝦一樣，任何生物看到我都只有逃跑的份。我最厲害的地方，是擁有強而有力的下顎。由骨板組成的下顎和牙齒，可以把任何東西都咬碎，當年奇蝦再怎麼厲害，也只有嘴巴，並沒有下顎。而且我的性格也不像當年那麼軟弱，大家都以「猙獰凶猛」來形容我。我變得有點得意忘形，整天忙著嚇唬其他生物，搶奪地盤，完全失去憂患意識。

就在我春風得意的時候，地球的環境再度改變，但我這次來不及反應。沒錯，老實說，其實我在這個時代曾經滅絕過一次（淚）。不過，我和奇蝦那種頭腦簡單的粗暴傢伙畢竟不一樣，我曾是逃命專家皮卡蟲，不會那麼容易就被打敗，在我的遺傳基因裡，依然存在未雨綢繆的本能，為了因應這樣的狀況，早已想好了對策。

我果然還是不適合當最強生物，在這個時期，我曾經滅絕過一次……但是別擔心，我可是有名的「狡兔三窟」。

全長6～10公尺

胴殼魚擁有下顎，咬合的力量非常強大，與現代的大白鯊相比，可能有過之而無不及，而且從頭部到胸部，都被宛如超厚裝甲板一般的外骨骼所包覆。再加上性格猙獰凶猛，是當時的海中霸主。正確的體長未有定論，但根據目前發現的化石，體長可能在6～10公尺左右。

分類：脊椎生物・盾皮魚綱　全長：6～10公尺

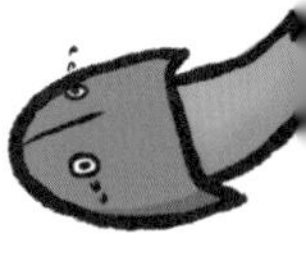

好痛苦！氧氣怎麼變得這麼少？

你們是不是很好奇，既然我都滅絕了，怎麼還能演化成為人類？讓我來為你們解答吧！我在變成胴殼魚的時候，確實因為一時大意而滅絕，但俗

原本生活的大海消失，生物們只好逃進河川裡，沒想到那裡竟然是氧氣稀薄的地獄。

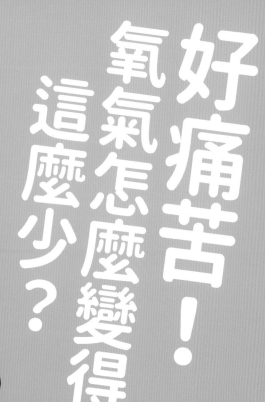

話說狡兔有三窟，為了保險起見，除了胴殼魚之外，我還演化成另一種完全不同的生物。畢竟我原本就是最擅長逃命的皮卡蟲，我早就隱約感覺到像胴殼魚那種猙獰凶猛的生物不符合我的性格。接下來的故事，就是我在演化成另一種生物時所遭遇的危機。

回顧胴殼魚還存活的泥盆紀，這個時代的我，正逐漸演化成一種後來被稱為「真掌鰭魚（*Eusthenopteron*）」的生物。由於原本生活的巨神海變得太狹窄，我逃進河川裡，卻發現河川中都是水草和細菌，牠們把氧氣都吸光了，我感到呼吸困難，痛苦得不得了。當時我心想：好不容易才逃到河川裡，看來還是難逃滅絕的命運。

我沒辦法再靠鰓呼吸了！

只能試試看用肺呼吸！

不再拘泥於水裡的世界，
鼓起勇氣
呼吸水面上的空氣。

藉由演化
度過難關！
#003

【真掌鰭魚（*Eusthenopteron*）】

全長約1公尺

屬於魚鰭很厚，而且內部有骨頭的肉鰭魚類，雖然外觀像魚，但魚鰭可以像陸生四足生物的腳一樣做出各種動作，而且尾鰭一直到最尾端都有骨頭，這個特徵與蜥蜴等爬蟲類相似，所以科學家認為這是一種即將演化成陸生型態的生物。

分類：脊椎生物・肉鰭魚類　全長：約1公尺

演化成為真掌鰭魚之後，我的外觀雖然像魚，卻已經不是一般的魚。我隱約記得，當時的我已經發現陸地上還有另外一個世界。畢竟水裡的生活實在太痛苦，我每天都在幻想：如果我能離開水面，將會看見什麼樣的世界？

這樣的日子一天天過去，我的身體裡漸漸出現「肺」這個器官，不知道是因為我運氣好，還是因為我並沒有因缺氧危機而放棄希望，所以上天送我這個禮物。自從有了肺，我開始能夠呼吸水面上的空氣，不用再與其他生物爭奪水裡的空氣。水面上的空氣好新鮮，至此我進入一個全新的世界，心裡好感動。

告訴你一個祕密，在我變成真掌鰭魚之後，雖然外觀像魚，身體內部的骨頭卻有類似陸生四足生物的腿骨，很厲害吧？驚不驚喜？意不意外？

靠演化取得的道具

脊椎＋下顎＋肺

我放棄痛苦的水中生活，開始朝著陸地前進。我告訴自己，在陸地上，有更美好的未來等著我。
激鬥篇
從皮卡蟲到人類之間的5億年

PART 2 陸上

地球變化

泥盆紀

巨大昆蟲大量繁殖

石炭紀

3 億 5800 萬年前～ 2 億 9900 萬年前

石炭紀期間，陸地上出現高度超過40公尺的巨大樹木森林。由於這些巨大植物製造出非常多的氧氣，導致昆蟲體型也變得越來越巨大，有張開翅膀時長度超過70公分的巨大蜻蜓「巨脈蜻蜓（請看98頁）」、體長超過2公尺的巨大蜈蚣「節胸蜈蚣（請看100頁）」，和類似馬陸的生物。此外也出現爬蟲類，是一個生物們積極登上陸地的時代。

95% 的生物滅亡

二疊紀

2 億 9900 萬年前～ 2 億 5200 萬年前

原本在石炭紀大量出現的巨木森林漸漸消失，取而代之的是廣大的乾燥沙漠。當時所有的大陸都連在一起，稱作「盤古大陸」。由於盤古大陸的範圍實在太廣大，內陸地區距離海洋太遠，平時連雲也沒有（形成雲的水蒸氣也來自大海），當然也不會下雨，造成極度乾燥的嚴酷環境。二疊紀末期，發生大規模的火山活動，導致約有95%的生物死亡（請看116頁）。

陸上激鬥時代的

侏羅紀

大型恐龍的全盛時期

2 億 100 萬年前～
1 億 4500 萬年前

巨大的「盤古大陸」分裂成南北兩塊，暖流通過大陸之間，氣候變得溫暖許多。陸地成為適合巨大蕨類植物和蘇鐵類植物生長的環境，此時也是恐龍的全盛時期，恐龍的體型越來越巨大，陸地上還有身長超過30公尺的恐龍。

三疊紀

爬蟲類與恐龍大量登場

2 億 5200 萬年前～
2 億 100 萬年前

這時地球變得越來越乾燥，能夠適應乾燥環境的爬蟲類大量出現，其中有些具有一定的飛行能力，例如「依卡洛蜥（*Icarosaurus*）」，能夠藉由展開身體的薄膜，在空中滑翔。此外，也出現恐龍和哺乳類生物。

1 億 4500 萬年前～ 6600 萬年前

大陸不斷分裂，每一塊大陸上都出現複雜的地形，生物在不同的大陸上各自演化，生活在不同大陸上的恐龍也變得完全不一樣了。到了白堊紀後期，巨大隕石撞擊地球，因撞擊而揚起的灰塵籠罩整個天空，導致太陽光無法照射到地表，生活環境變得極為惡劣，大約70%的生物在這時期滅絕（請看120頁）。

白堊紀
巨大隕石撞擊地球，
造成 70% 左右生物滅亡！
加油！
媽媽！

6600 萬年前～ 2300 萬年前

恐龍逐漸演化為鳥類，並出現大量繁殖的哺乳類生物。由於地球不斷暖化，各地都出現熱帶雨林。漸漸的，闊葉林遍布地球上每個角落，樹木間的樹冠彼此緊密相連，形成樹冠層。這時，南極大陸還沒有出現冰山。

陸上激鬥時代的地球變化

人類的祖先在此時誕生

新近紀

2300 萬年前～ 260 萬年前

原本相當溫暖的氣候逐漸變得乾燥寒冷，非洲大陸開始出現沙漠和莽原。根據推測，人類祖先的「猿人」在此時誕生。印度和亞洲大陸相撞，造成喜馬拉雅山脈的出現，這對當時地球的氣候和環境產生相當大的影響。

地表上大部分地區都是熱帶雨林

古近紀

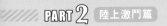

誰來阻止
這個巨大又凶猛
的傢伙？
危機
#004
吼
想要保住性命，
只能逃往
淺水處！
生物移居到河川裡之後，
竟然出現巨大又凶猛的生物，
再度上演殘酷的生存戰爭！

時代依然是泥盆紀，我（真掌鰭魚）移居到河川之後，因為有肺可以呼吸陸地上的氧氣，不會再遭受缺氧的痛苦，過了一段相當和平的日子。可惜好景不長，後來河川中出現超級凶猛的巨大生物，我不知該怎麼形容那種悲傷的心情，好不容易換了環境，卻又遇上另一個壞傢伙，這個壞傢伙叫「含肺魚（*Hyneria*）」。

當時我的體長約1公尺，含肺魚的體長可是有4公尺以上，是我的4倍大，而且那傢伙嘴裡有整排的尖牙，每一根尖牙的長度都有8公分，真的讓我嚇得屁滾尿流！更糟糕的是，當時的我已經不是皮卡蟲了，所以逃跑速度沒有以前快。我絞盡腦汁，最後想到一個辦法，那就是逃到河川的淺水處。本以為這樣應該可以逃過一劫，我認為含肺魚的身體太大，應該沒辦法游進淺水處……

沒想到含肺魚比我所想的還厲害，牠的前鰭很厚，裡面有骨頭，可以輕而易舉爬到淺水處。那傢伙不僅身體巨大，而且非常殘暴，一直對我窮追不捨，不管我跑到天涯海角，都會緊追在後。你能想像我被那傢伙追殺的心情嗎？要是被牠那長達8公分的尖牙咬到，應該很痛吧？光想像那個畫面，我就忍不住淚流滿面，躲在淺水處不停發抖，心裡想：就算滅絕也沒關係，拜託不要讓我痛……

到了這個地步，要開始認真思考爬上陸地的可能性！

生物史上已知最早的登陸足跡為257步！
所有陸地生物的歷史，
都從這257步開始！

藉由演化
度過難關！
#004

就在這個時候，高大的樹木拯救了我的性命！泥盆紀有一種名叫「古蕨（*Archaeopteris*）」的巨木，高達20公尺，生長在河川邊，枝葉會掉落在河川的淺灘，這些枝葉都是龐然大物，剛開始我還覺得它們礙眼，後來才想到，我可以藏身在這些枝葉之中，這樣含肺魚就找不到我了！

我的個性相當膽小，為了避免被含肺魚咬的風險，我寧願一輩子躲在那片由掉落的枝葉組成的森林裡，待久了，我發現自己在枝葉上行走的速度比游泳還快……沒錯，我竟然長出了前腳！這時，我的名字也變成「魚螈」。

既然擁有前腳，乾脆就到那片一直很感興趣的陸地上探險一下吧！就這樣，我鼓起勇氣踏上陸地，不過，離開水裡的感覺實在太痛苦了，我只走了257步就不支倒地。我真的已經盡力了！

當時我所走的那257步的足跡，如今依然殘留在地球上，很厲害吧？生物首次登上陸地的足跡是257步，而且是我的足跡。

【魚螈（*Ichthyostega*）】

靠演化取得的道具

脊椎＋下顎＋肺＋腳

體長約1公尺

魚螈擁有結實的四肢和強壯的肋骨，但由於後腿還是魚鰭的形狀，不適合在陸地上生活，在陸地上能做的動作相當有限。科學家認為魚螈是初期爬上陸地的生物之一，但由於魚螈有著很大的尾鰭，照理來說主要的生活環境還是在水裡，所以真相到底如何，科學家也不清楚。這個時期的生物界還有許多未解之謎，等待科學家加以釐清。

分類：脊椎生物　體長：約1公尺

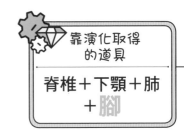

我不行了！

好不容易爬上了陸地，氧氣卻越來越稀薄……

自從踏上陸地之後，我便積極朝陸地生物演化，把生活的重心轉移到陸地上，慢慢適應了陸地上的環境。日子一天天過去，不知不覺泥盆紀和石炭紀都已經結束，進入了二疊紀，從我還是皮卡蟲的時期算起，已經過了3億年，我不僅徹頭徹尾的演化成為陸地生物，甚至逐漸遺忘自己從前

二疊紀時火山大爆發，噴發的岩漿接觸到空氣，就會爆炸並且引發大火，整個地球陷入一片火海，大火燃燒消耗絕大多數的氧氣，造成約95%的生物滅絕。

曾經在海中生活過。

就在我完全適應陸地生活時，火山爆發了！岩漿往天上噴灑的高度足足有2千公尺，天空中瀰漫著火山灰和煙塵，根本看不到太陽。更慘的是，我開始感到呼吸困難、氧氣不足。原來當火焰在燃燒的時候，會消耗掉氧氣，火山噴發到地表上的岩漿，全部都在燃燒，和原本的地球狀況相比，氧氣濃度掉到10％以下，整個地球陷入缺氧的地獄中，約95％的生物都熬不過這段日子，就此滅絕。

雖然這3億年來我歷經不少風風雨雨，但我必須老實說，這是我感到最痛苦的一段時間。好不容易有了肺和腳，總算能享受陸地生活，卻發生這種完全吸不到氧氣的缺氧狀況，甚至一度放棄求生，心想：算了，乾脆就這麼滅絕吧！雖然非常痛苦了，我卻哭不出來，這大概就是所謂的「欲哭無淚」吧！

距離變成人類還有2億5000萬年

獲得了橫隔膜，就能夠一口氣將大量的氧氣送入體內！

【三尖叉齒獸】
（*Thrinaxodon*）

藉由演化
度過難關！
#005

就算地球的氧氣稀薄到只剩10%，
腹部的肋骨消失，所以有空間演化出橫膈膜。
也可以靠橫隔膜呼吸，將大量空氣送入體內。

全長約45公分

三尖叉齒獸生活的地方，相當於現代的非洲南部至南極一帶。這種生物腹部的肋骨消失了，腹部變得柔軟，而且產生了橫隔膜，能夠進行腹式呼吸。因為火山大爆發的關係，空氣中的氧氣變得非常稀薄，三尖叉齒獸正是靠著腹式呼吸在二疊紀存活了下來，有科學家認為牠是哺乳類生物的祖先。

分類：合弓綱・獸孔目　全長：約45公分

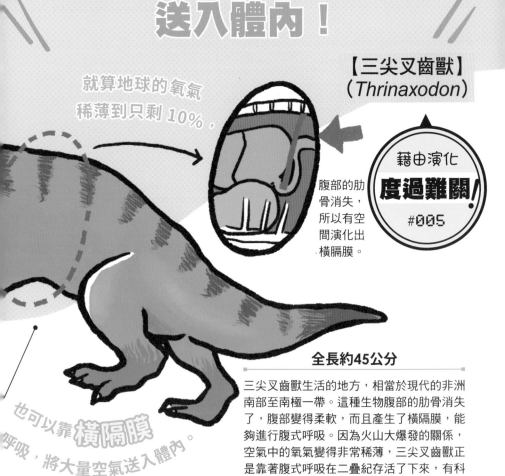

你知道什麼是橫隔膜嗎？那是一種呼吸時會使用到的器官。人類的身體裡也有橫隔膜，只要有橫隔膜，就能進行腹式呼吸。據說在二疊紀的火山爆發危機中，有95%的生物都滅絕了，而我卻能順利存活下來，可能就是因為我體內有橫膈膜，就算在氧氣稀薄的環境裡，也能夠一口氣吸進大量的空氣，成功把氧氣送入肺部。多虧橫隔膜，我才保住一命！

二疊紀結束之後，進入三疊紀。此時我的名字變成「三尖叉齒獸」。我的模樣和當初生活在水裡時完全不同，雖然成功度過可怕的滅絕危機，但我的個性還是保持著皮卡蟲的軟弱。

現在存活下來的5%生物中，很多都是像奇蝦、含肺魚那樣的凶猛生物，像我這麼軟弱的生物，竟然也和牠們一起生存下來，這給我莫大的信心，以後遇上那些惡狠狠的傢伙，再也不會像從前一樣只會哭哭啼啼。

靠演化取得的道具

脊椎＋下顎＋肺＋腳＋橫膈膜

冷死我了！餓死我了！誰來救救我？

巨大隕石撞擊地球，約70%的生物因寒冷與飢餓而滅絕！

三疊紀結束之後，進入侏羅紀時代。這是恐龍的全盛時期，許多鼎鼎大名的生物都誕生在這個時代。但是到了下一個

時代的白堊紀，原本稱霸地球的恐龍逐漸演化成各式各樣的鳥類，但詳細的過程我也不是很清楚，因為白堊紀發生的事情實在太可怕了，我光要活下去都很困難，哪有心思關心別人。

白堊紀到底發生了什麼事？簡單來說，就是有顆巨大的隕石撞擊地球。據說那顆隕石的直徑有15公里，巨大的衝擊力，讓整個地球的天空中瀰漫大量煙塵，陽光根本照射不到地表，真是冷死我了！再加上沒有食物可以吃，大家都餓成皮包骨。

更慘的是，當時我們繁衍後代的方式都是靠生蛋，但是天氣太冷，蛋根本孵化不出來。天氣冷、沒東西吃，再加上蛋孵不出來，沒有後代子孫，我們當然會滅絕！所以約70%的生物都滅絕了，地球真是一個可怕的地方。

距離變成人類還有1億2500萬年

不再生蛋，改成讓孩子在肚子裡成長後再生出來！

藉由演化
度過難關！
#006

【始祖獸（*Eomaia*）】

體長約10公分

始祖獸的外型類似現代的老鼠，根據科學家推測，牠應該是現代的豬、貓、狗、人類等胎盤類生物的祖先，或至少是其近親。但是現在比較多科學家認為胎盤類生物最古老的祖先應該是另一種名為侏羅獸（*Juramaia*）的生物。

分類：哺乳類・有胎盤類　體長：約10公分

在到處都是恐龍的時代，我靠著體長只有10公分的「低耗能」身型，在嚴酷的環境中存活下來！

靠演化取得的道具

脊椎＋下顎＋肺＋腳＋橫膈膜＋**胎盤**

從侏羅紀到白堊紀是恐龍的全盛時期。你們也知道，恐龍都大得不像話，身體那麼巨大，需要進食的量也多，因此當時我採取逆向思考的策略，故意藉由演化讓身體變小。

在白堊紀的時候，我的名字叫作「始祖獸」。我似乎算是哺乳類生物的祖先之一，因為雌性的始祖獸獲得了胎盤，能夠直接懷孕生孩子，不再生蛋，更有利於繁衍後代。

當時我的體長只有10公分左右，相較於巨大的恐龍，我的身體可說是非常迷你；不過，這可不是缺點，而是優點。地球遭到巨大隕石撞擊之後，進入冰河時期，很難找到食物。我的體型特別嬌小，只要一點點食物就能存活，加上雌性獲得了胎盤，就算是天寒地凍的環境也能繁衍後代，在那個70%生物都已滅絕的嚴苛環境裡，我就是靠著這兩點來延續我的遺傳基因。

因為有胎盤的關係
我才能順利
繁衍後代。
加油～
媽媽！

又出現壞傢伙！而且這次牠們變聰明了！

打從我還是皮卡蟲的時代開始，就不斷被地球的環境耍得團團轉，活得痛苦萬分。每次地球環境稍微穩定一點的時候，一定會出現欺負我的壞傢伙，毫無例外！

在漫長又痛苦的冰河時期結束後，可怕的壞傢伙果然又出現了！這個時期的壞

危機
#007
漫長的冰河時期結束了，懂得集體狩獵的鬣齒獸成為陸地上的霸主。

傢伙叫作「鬣齒獸（*Hyaenodon*）」，牠們真的非常可怕，就連冠恐鳥（*Gastornis*）那種超巨大的鳥類，也不是牠們的對手。

冠恐鳥身高約2公尺，體重約200公斤，是一種體型非常巨大的鳥類。牠們不喜歡群聚，總是單獨行動，雖然凶猛，但是相當帥氣。鬣齒獸不一樣，牠們喜歡集體行動，擅長大家一起上，合力打倒敵人，不但厲害，而且卑鄙。牠們的性格和從前的奇蝦完全不同，非常冷酷無情，喜歡集體凌虐敵人，攻擊威力一流，就像一支訓練有素的邪惡軍隊，而且腦筋非常聰明，就連強大的冠恐鳥，也因為鬣齒獸的獵殺而滅絕了。

只要遇到鬣齒獸，我一定會拚命逃走，尋找安全的藏身之地。我很了解如果沒有躲過獵食，等著我的就是滅絕。

太可惡了！
這麼多個打我一個！

距離變成人類還有5500萬年

我決定了，以後搬到樹上住！

地球上首次出現叢林形成的樹冠層。

藉由演化
度過難關！
#007

體長約15公分

獲得能夠緊緊抓住樹枝的**拇指**，開始樹上的生活！

食果猴的拇指生長位置剛好與其他手指相對，被認為是第一種能夠牢牢抓住物體的生物，科學家也推測牠是靈長類生物的祖先。食果猴平日生活在樹冠層上，能夠以手腳抓住細枝，以樹木和各種植物的果實為食物。

分類：哺乳類・更猴目　體長：約15公分

時間來到古近紀後期，會開花結果的闊葉樹木大量生長，樹和樹之間的距離變近，形成樹冠層。鬣齒獸不會爬樹，所以我決定逃到樹上躲避牠們的獵捕。

這時我的名字叫「食果猴」，體長只有15公分，不知道從什麼時候開始，我長出拇指這個構造。有拇指之後可以很方便的抓住東西，後來拇指越來越靈活，抓著樹枝就可以爬到樹上，不但我的天敵鬣齒獸上不來，還有很多果實可以吃，生活環境很好。

當時的森林相當茂密，一棵棵闊葉樹緊密相連，形成一個建構在樹冠層之上的新世界。這裡有豐富的食物，讓我根本不必離開。對我來說，這是一段相當幸福的歲月。

人類也有拇指，對吧？那就是食果猴的時代演化出來的，是不是很厲害？

【食果猴（*Carpolestes*）】

靠演化取得的道具

脊椎＋下顎＋肺＋腳＋橫膈膜＋胎盤＋**拇指**

自從在樹上生活之後，才發現我的眼睛雖然視野寬廣，但難以分辨遠近！

因為非常喜歡樹上的生活，我就在樹冠層定居下來。不過，自從搬到樹上後，才發現自己的眼睛其實不太適合樹

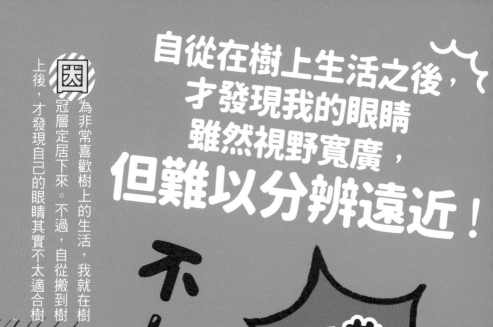

上的生活。

我原本一直生活在地面上，由於周圍有很多像鬣齒獸那樣的壞傢伙，我必須隨時提高警覺，快速確認四周的動靜，漸漸的具有寬廣的視野，也就是可以同時看到很大的範圍。

但自從開始樹上的生活後，寬廣的視野派不上用場，因為看到的都是樹枝和樹葉，更麻煩的是我的眼睛沒有立體視覺，無法區分距離遠近，這對在樹上生活來說可是一大麻煩，例如：我要跳到另一棵樹上的時候，因為沒有辦法掌握正確的距離，每次都是驚險萬分，不是從半空中掉到地上，就是撞在樹幹上，這也太糗了！雖說如此，和過去遭遇的那些致命危險相比，這樣的麻煩算是很輕微的。

啊
啊！
自從有了樹冠層後，
我整天都待在樹上，
完全沒有離開樹木的必要。

距離變成人類還有5000萬年

眼睛的位置改變後，就能確實掌握距離遠近！

炯炯有神
藉由演化
度過難關！
#008

【修修尼猴（*Shoshonius*）】

既然演化出立體視覺，就可以精確判斷距離遠近，總算能夠安心在樹上生活。

依然是在古近紀，我的名字變成「修修尼猴」，體長大約10公分。這時我的臉形更像人類了，因為兩隻眼睛都長在臉的正前方，我可是史上第一個眼睛像人類一樣長在臉部正面的生物喔！是不是很厲害？

不過，與其說像人類，其實更像是猴子。因為眼睛位於臉部正面的關係，我的視覺具備立體感，能夠正確掌握距離，雖然相對也要付出一些代價，那就是視野變得比較狹窄。不過沒關係，反正我不打算離開樹冠層，就算視野沒有以前寬闊也沒什麼關係。

在這個時期，我真的非常幸福，樹上的生活實在太快樂了！但是我心裡明白，地球不是那麼好混的地方，環境隨時可能改變，快樂的生活不可能永久持續下去……我的心裡一直有這樣的預感與覺悟。

靠演化取得的道具

脊椎＋下顎＋肺＋腳＋橫膈膜＋胎盤＋拇指＋立體視覺

體長約10公分

修修尼猴演化出扁平的臉部，兩隻眼睛都在臉部的正面，這樣的眼睛位置讓牠獲得視覺上的立體感，能夠正確掌握距離。在樹冠層生活時，可以輕易在樹木之間來回跳躍，科學家認為牠是類人猿的祖先。

分類：哺乳類・靈長目・始鏡猴科

體長：約10公分

危機
#009

地球開始沙漠化！

能夠生活的樹冠層減少了！

地球環境又再度發生巨大的變化，似乎是因為大陸板塊移

原本覆蓋整個地球的闊葉樹森林大幅減少，非洲大陸出現廣大的沙漠和莽原。

動的關係，氣候完全改變，原本覆蓋整個地球的闊葉樹森林大幅減少。生活空間縮小了，但我無可奈何，只能趕快改變自己適應新的環境。

那時我的身體已經演化為適應樹上生活的模樣，當我再次回到地面，許多事情都變得不對勁，尤其是我的眼睛，雖然能判斷遠近，但是視野不像以前那麼寬廣，無法眼觀四方，我已經不適合在地面生活，畢竟地表還有各種凶惡殘暴的壞傢伙。

生活環境被迫從樹冠層變成莽原，一時之間我真不知道該怎麼辦。在努力5億年後，我感到相當疲累，記憶也開始有些模糊不清……

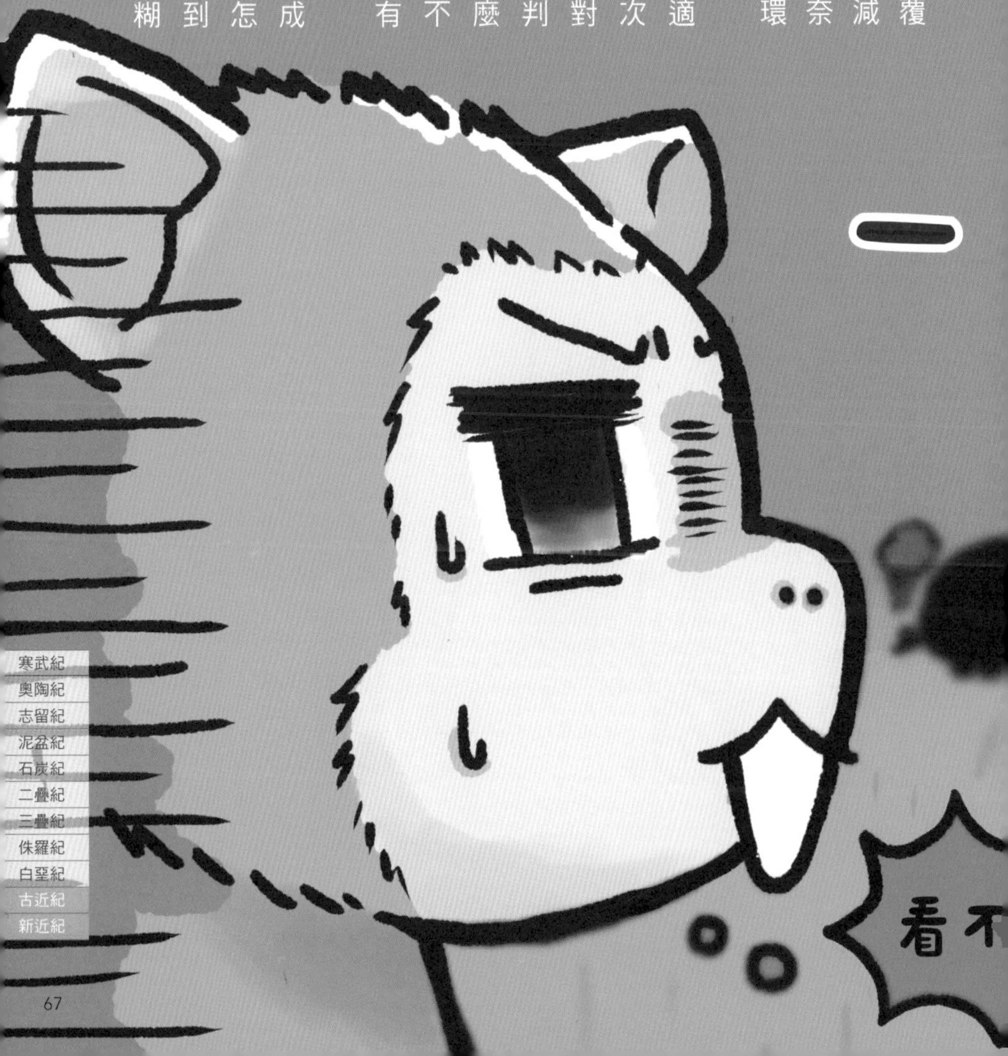

距今400萬年前

不知不覺
開始以雙腳站立在地面上！

人類的歷史終於在非洲大陸揭開序幕！

藉由演化
度過難關！
#009

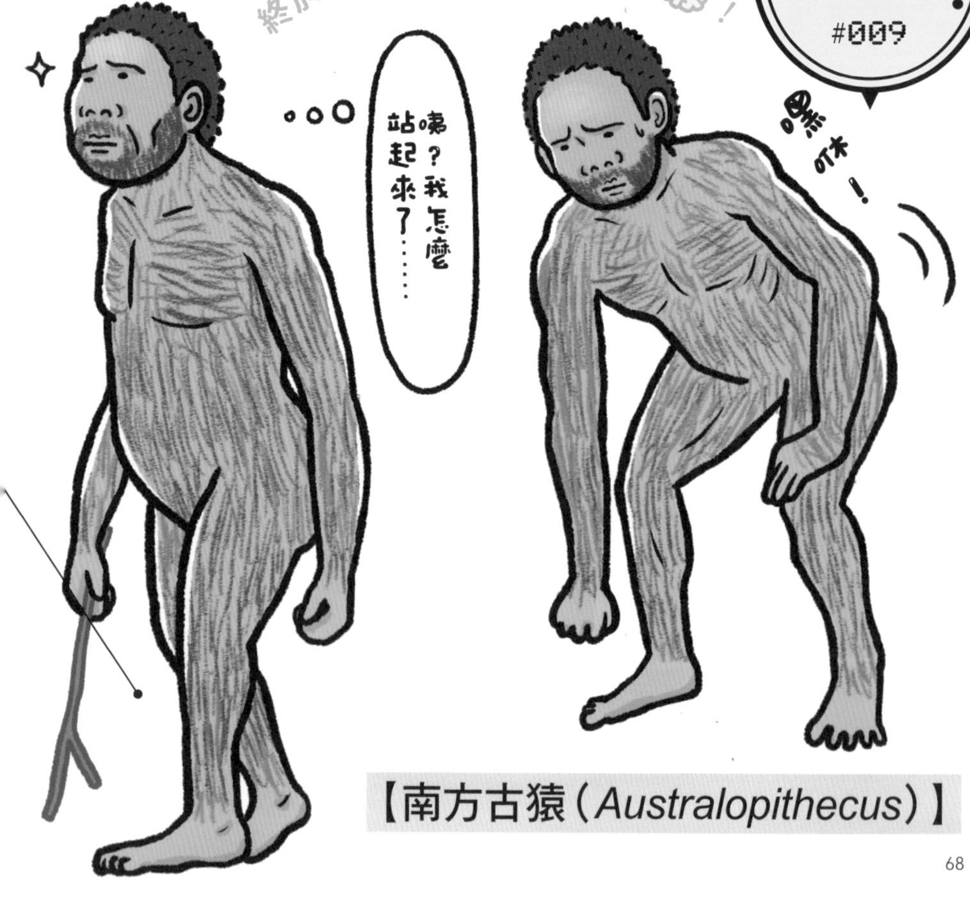

【南方古猿（*Australopithecus*）】

其實在這段期間，我的記憶相當模糊，離開樹冠層後，我是什麼時候開始以兩條腿站立的呢？難道是為了提防敵人，為了能夠看得更遠，所以我努力把身體往上抬，不知不覺就站立起來了？但我又是從何時開始用雙腳走路的呢？關於這個部分，我不記得了，唯一可以肯定的是，這個時候的我又更像人類了。當時我的名字叫作「南方古猿」，距離現代只有400萬年而已。

區區400萬年，和我從皮卡蟲時代算起至今的5億年歷史相比，真的只是一眨眼的功夫，感覺就像不久前才發生的事，偏偏記憶又相當模糊。或許是因為我剛從其他的生物演化成更像是目前人類的生物吧？人類就是喜歡東想西想的……我突然覺得腦袋好累，當人類真是太辛苦了！

我心裡很清楚，地球未來的環境還是會發生劇變，而且，有一件事情讓我非常擔心——從前我還是胴殼魚的時候，曾是地球上最強的生物，結果卻滅絕了；根據這5億年來的經驗，任何時代的最強生物都會因為過度鬆懈而滅絕，這是演化上必然的結果，從來沒有一次例外。

人類啊！你們應該不會笨到認為自己是地球上最強的生物吧？

靠演化取得的道具

脊椎＋下顎＋肺＋腳＋橫膈膜＋胎盤＋拇指＋立體視覺＋雙腳步行

身高約120公分

南方古猿是生存在大約400萬年前～200萬年前的猿人，根據推測，牠的腦容量只有現代人類的35%左右，腦部大小接近現代的黑猩猩。以化石的骨骼研判，南方古猿平時應該是維持直立的姿勢，以雙腿行走。這樣的生物正好可以適應非洲大陸的莽原氣候。

寒武紀
奧陶紀
志留紀
泥盆紀
石炭紀
二疊紀
三疊紀
侏羅紀
白堊紀
古近紀
新近紀

★新登場的角色★

以上就是我這5億年來的演化故事，雖然遭遇了很多危機，但我始終沒有被打敗。
精采吧！
哼哼！皮卡蟲，我看你就別再自吹自擂了。
冒出
我是神，打從前寒武紀的時代就在地球上了。
我是神！
哇！你這個模樣確實很像前寒武紀時代的老前輩！
我不是老前輩，我是神。

我怎麼沒聽說在這個節骨眼還會冒出新角色？
在地球上，還有許多人類以外的生物。
這些生物也和人類一樣，經過很漫長的時間才演化成今天的模樣。
我是神！
你願不願意趁這個機會，向大家介紹這些生物？
沒問題！
笑嘻嘻

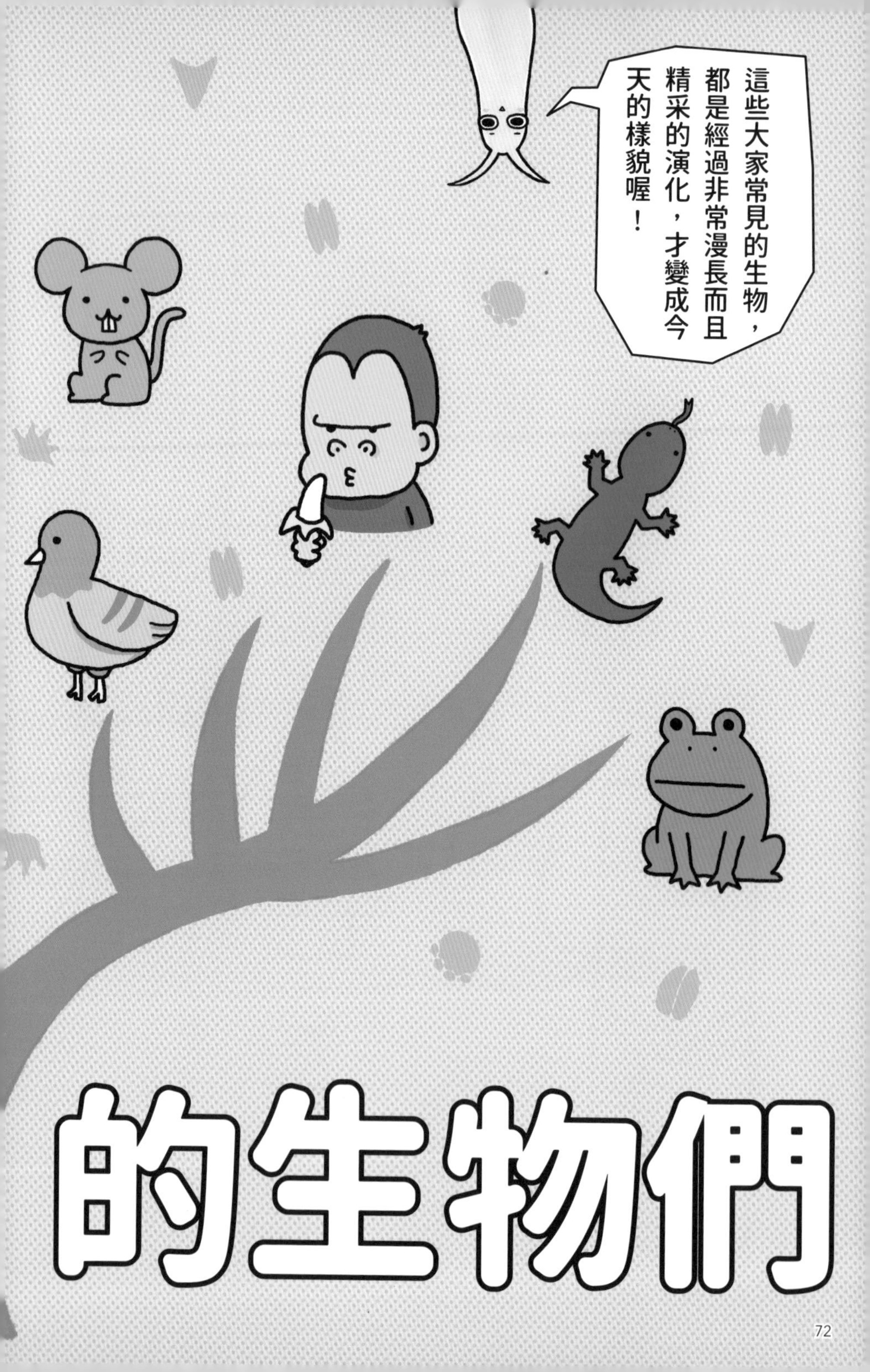
這些大家常見的生物，都是經過非常漫長而且精采的演化，才變成今天的樣貌喔！

的生物們

PART 3

跟隨我一起演化

大家熟悉

這些古生物演化成為現代的什麼生物呢？

這些生物也像皮卡蟲一樣，歷經漫長的演化，
成為現在大家所熟悉的生物。

現在是？
Q.1
有天身上突然長出一樣東西，連我自己也嚇一跳！
從前的我身材很矮小喔！
Q.2
嗯？我可不是鹿！現在的我沒這麼小。
現在是？
Q.3
現在是？

★答案在 76 頁！

★答案在 78 頁！

★答案在 80 頁！

Q.4
現在是？
在演化的過程中，
我獲得能夠變強悍
的武器。

★答案在 82 頁！

Q.5
現在是？
我看起來是不是
很像恐龍？

★答案在 84 頁！

在漫長演化中，有些生物的身體構造上少了一些東西，有些生物則多了一些東西。在後面的解答裡，每種生物都會解釋自己的演化歷程！

Q.6
我曾经也是時代
的霸主！
現在是？

★答案在 86 頁！

Q.1 這種有點像河馬的生物，會怎麼演化呢？

磷灰獸（*Phosphatherium*）

分　類：哺乳類・長鼻目・努米底亞獸科
時　代：古近紀
棲息地：北非（現在的摩洛哥）等地
體　長：60公分

據說這位老兄以前有
170種親戚呢！

嵌齒象（*Gomphotherium*）

分　類：哺乳類・長鼻目・嵌齒象科
時　代：新近紀
棲息地：非洲、亞洲、歐洲、北美洲等地
體　長：4公尺

恐象（*Deinotherium*）

分　類：哺乳類・長鼻目・恐象科
時　代：新近紀～第四紀
棲息地：歐洲、亞洲、非洲等地
體　長：5公尺

演化成為現代的……A.1 大象！

非洲草原象
（*Loxodonta africana*）

分　類：哺乳類・長鼻目・象科
棲息地：非洲（莽原）等地
體　長：5.4～7.5公尺

真猛瑪象
（*Mammuthus primigenius*）

分　類：哺乳類・長鼻目・象科
時　代：第四紀中期
棲息地：歐亞大陸北部、北美洲北部等地
體　長：5.4公尺

磷灰獸是我們最古老的親戚，平常生活在河邊或森林裡，是草食性生物。當時磷灰獸的體型和現代的狗差不多；後來我們移動到平原，體型變得越來越巨大，四隻腳也變成圓筒狀。不過因為頭的位置變高，無法再吃生長在地面的植物，也沒辦法喝水。幸好鼻子變長了，於是我們靈活運用鼻子，就像人類的手一樣。

從前我們有各種不同的親戚，各自演化的方向都不相同，例如：嵌齒象不僅鼻子很長，而且下顎也很長。我們親戚的種類曾經非常多，但大約在５００萬年前，地球整體環境突然陷入極度的寒冷，當時我們幾乎都滅絕了，倖存下來的真猛瑪象，也因為人類的狩獵和地球溫度升高而滅絕，如今我們的族群只剩下「非洲象」與「亞洲象」。

Q.2 這種矮小但脖子有點長的生物，會怎麼演化呢？

原疣腳獸（*Protylopus*）

分　類：哺乳類・偶蹄目・核腳亞目・駱駝科
時　代：古近紀
棲息地：北美洲等地
體　長：80公分

古駱駝（*Aepycamelus*）

分　類：哺乳類・偶蹄目・駱駝科
時　代：古近紀後期～新近紀
棲息地：北美洲等地
體　長：2公尺

據說沒有駝峰就不是駱駝？那你就錯了！雖然現在的北美洲已經見不到我們的親戚，但大約4千萬年前，我們的確住在北美洲，屬於草食性生物。

後來我們演化成為古駱駝，雖然體型變大，但還是沒有駝峰。那時不管是森林還是草原，都有豐富的食物資源，而且我們脖子很長，可以像長頸鹿一樣吃到其他生物吃不到的植物。

如今我們的親戚有居住在非洲北部到亞洲西南部沙漠地區的「單峰駱駝」，以及居住在中亞沙漠地區的「雙峰駱駝」。我們可以把養分儲存在駝峰內，所以能在環境嚴酷的沙漠中生存。居住在南美洲安地斯山脈的「羊駝」和「駱馬」也是我們的遠房親戚，只是演化的方向與我們不同。

A.2 演化成為現代的……駱駝！

羊駝（草泥馬）
也是駱駝的遠房親戚。

羊駝（*Vicugna pacos*）

分　類：哺乳類・偶蹄目・核腳亞目・駱駝科
棲息地：南美洲（安地斯高地上的草原）
體　長：1.2～2公尺

單峰駱駝（*Camelus dromedarius*）

分　類：哺乳類・偶蹄目・核腳亞目・駱駝科
棲息地：非洲北部、亞洲西南部
體　長：3公尺

居住在北美洲的駱駝親戚，在1萬2千年前因為人類的狩獵而滅絕……

大駝（*Titanotylopus*）

分　類：哺乳類・偶蹄目・核腳亞目・駱駝科
時　代：新近紀～第四紀
棲息地：北美洲等地
體　長：5公尺

Q.3 這種外形像鹿而且有短角的生物，會怎麼演化呢？

古麟（*Palaeotragus*）

分　類：哺乳類・偶蹄目・長頸鹿科
時　代：新近紀
棲息地：非洲、亞洲、歐洲等地
體　長：1.7公尺

原利比鹿（*Prolibytherium*）

分　類：哺乳類・偶蹄目・長頸鹿科
時　代：新近紀
棲息地：非洲等地
體　長：1.8公尺

四角獸（*Sivatherium*）

分　類：哺乳類・偶蹄目・長頸鹿科
時　代：新近紀～第四紀
棲息地：非洲～印度等地
體　長：2.2公尺

如果沒記錯的話，大約1千800萬年前，我們被叫作「古麟」，當時我們長得很像現代的遠房親戚「歐卡皮鹿（*Okapia johnstoni*）」。那個時代又冷又乾燥，許多森林都消失了。

為了存活下去，我們一部分的同伴移居到草原上，一部分的同伴還是留在森林裡，牠們後來演化成為「歐卡皮鹿」。草原上獵物多，天敵也很多，幸好我們的腳變長，跑得比別的生物快，而且不知道為什麼，我們的脖子也變得很長，可以吃到高處的樹葉。

其實我們和其他哺乳類生物一樣，脖子的骨頭只有7節，很不可思議吧？四角獸和梵天麟都是我們的親戚，可惜牠們的脖子太短，在食物競爭中敗北而滅絕了。

A.3 演化成為現代的……長頸鹿！

長頸鹿在打架的時候，會以頭上的「皮骨角」互相撞擊！

梵天麟（*Bramatherium*）

分　類：哺乳類・鯨偶蹄目・長頸鹿科・四角獸亞科
時　代：新近紀
棲息地：亞洲（印度～土耳其）等地
肩膀高度：2.5公尺

網紋長頸鹿（*Giraffa camelopardalis*）

分　類：哺乳類・偶蹄目・反芻亞目・長頸鹿科
棲息地：非洲（莽原）等地。
肩膀高度：5～5.8公尺

Q.4 這種像小馬的生物，會怎麼演化呢？

走犀（*Hyracodon*）

分　類：哺乳類・奇蹄目・犀總科・走犀科
時　代：新近紀
棲息地：北美洲等地
體　長：80公分

巨犀（*Paraceratherium*）

分　類：哺乳類・奇蹄目・犀總科・走犀科
時　代：新近紀
棲息地：歐洲東部、亞洲等地
體　長：9公尺

短腿犀（*Teleoceras*）

分　類：哺乳類・奇蹄目・犀科
時　代：新近紀～第四紀
棲息地：北美等地
體　長：4公尺

演化成為現代的……A.4 犀牛！

白犀（*Ceratotherium simum*）

分　類：哺乳類・奇蹄目・犀科
棲息地：非洲南部等地
體　長：3.3～4.4公尺

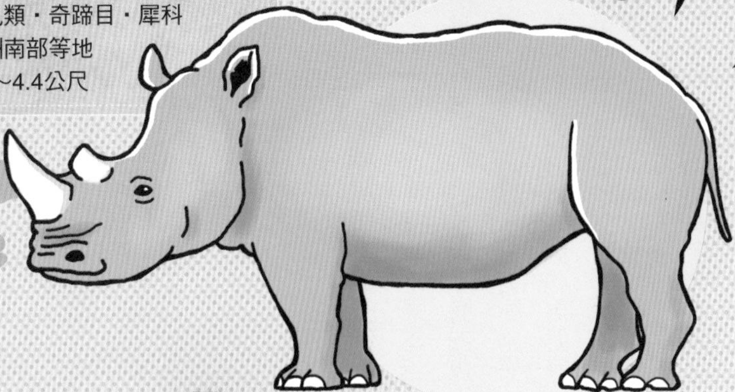

披毛犀的角足足有
1公尺長呢！
很可怕吧？

披毛犀（*Coelodonta antiquitatis*）

分　類：哺乳類・奇蹄目・犀科
時　代：第四紀中期
棲息地：歐洲、亞洲等地
體　長：3.5公尺

2千300萬年前至530萬年前之間，我的名字一直叫作「走犀」。當時我的體型比較像現代的馬，能夠在平原上快速的奔馳。不過在走犀科的親戚當中，也包含一種名叫「巨犀」的親戚，牠們堪稱史上最大的陸地生物，體長足足有9公尺，大得嚇死人。

我的親戚們大多居住在水邊，但隨著環境的不同，也演化出各種不同的姿態，例如住在寒冷地區的親戚，毛會特別濃密。如今我們都居住在非洲大陸和東南亞，但有很多人類為了取得我們的角，偷偷獵殺我們，導致我們的數量越來越少……喂，人類！給我差不多一點！

Q.5 這種像小恐龍的生物，會怎麼演化呢？

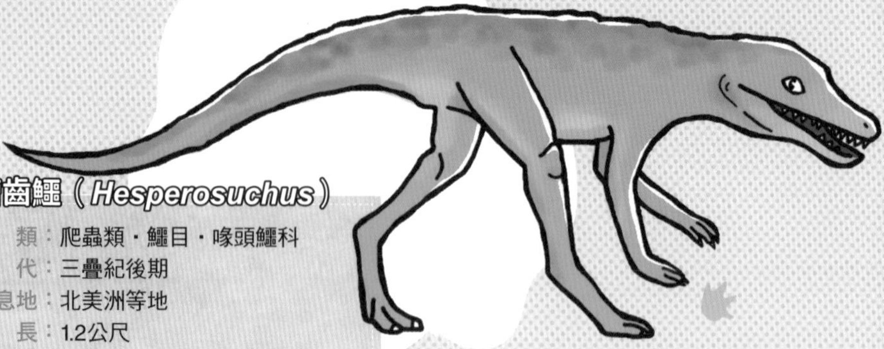

槽齒鱷（*Hesperosuchus*）

分　類：爬蟲類・鱷目・喙頭鱷科
時　代：三疊紀後期
棲息地：北美洲等地
體　長：1.2公尺

中喙鱷（*Metriorhynchus*）

分　類：爬蟲類・鱷目・中鱷亞目・中喙鱷科
時　代：侏羅紀後期
棲息地：歐洲的海洋等
體　長：3公尺

野豬鱷（*Kaprosuchus*）

分　類：爬蟲類・鱷目・真鱷亞目・馬任加鱷科
時　代：白堊紀中期
棲息地：非洲西北部（現代的尼日、摩洛哥等地區）
體　長：6公尺

我們鱷魚最討厭熱的地方，也討厭冷的地方，如今只住在熱帶地區的水邊。在三疊紀後期，我們被稱作「槽齒鱷」，當時我們能用兩條後腿走路，而且身材苗條，長得有點像小型恐龍。

到了侏羅紀，我們有了一些住在海裡的罕見親戚，名叫「中喙鱷」，牠們有尾鰭喔！和我們現在的外貌差很多。我們的親戚還包括「野豬鱷」，光聽這名字就知道牠們非常凶猛。以前的地球比現在溫暖，比較適合我們生存，因此不管是內陸還是岸邊，都可以看到我們的親戚，可惜如今我們的數量越來越少……

演化成為現代的…… A.5 鱷魚！

灣鱷（*Crocodylus porosus*）

分　類：爬蟲類・鱷目・鱷科
棲息地：亞洲大陸南岸、東南亞、紐幾內亞、澳洲北部等地
體　長：3～6公尺

灣鱷可是有名的食人鱷魚，好可怕啊！

腔鱷（*Stomatosuchus*）

分　類：爬蟲類・鱷目・真鱷亞目・腔鱷科
時　代：白堊紀中期
棲息地：非洲（現代的埃及等地區）
體　長：10公尺

Q.6 這種擁有碩大魚鰭的生物，會怎麼演化呢？

裂口鯊（*Cladoselache*）

分　類：魚類・軟骨魚綱・板鰓亞綱・裂口鯊科
時　代：泥盆紀後期
棲息地：北美洲的海洋等
體　長：2公尺

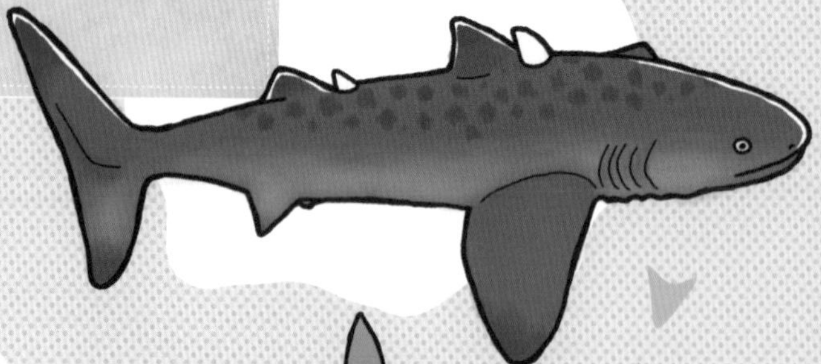

胸脊鯊（*Stethacanthus*）

分　類：魚類・軟骨魚綱・板鰓亞綱
時　代：泥盆紀後期～石炭紀後期
棲息地：北美洲、歐洲的海洋等
體　長：不到1公尺

鯊魚的演化歷史雖然沒有皮卡蟲悠久，但也不算短，4億年前，我們被稱作「裂口鯊」，那時我們的外貌就跟今日的鯊魚很相似，只不過以前的我們不會長新牙，牙齒掉了一顆就缺一顆。

我們親戚最多的年代，是在3億年前的石炭紀，當時魚類中有70％都是我們的親戚，而且模樣五花八門，有的背鰭看起來像是巨大的裝飾品、有的舊牙不會脫落，只會在下巴捲曲成螺旋狀。這些古代的親戚都已滅絕，只剩下「大白鯊」存活到今天，如今依然在世界各地的大海裡游來游去。

演化成為現代的……A.6 鯊魚！

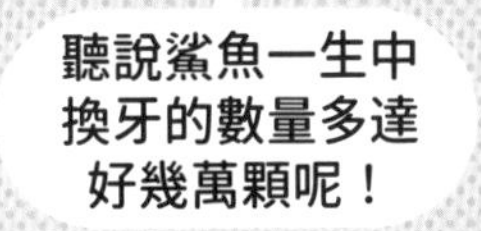

大白鯊（*Carcharodon carcharias*）

分　類：魚類・軟骨魚綱・板鰓亞綱・鼠鯊目・鼠鯊科
棲息地：全世界的海洋
體　長：2.5~5公尺

弓鯊（*Hybodus*）

分　類：魚類・軟骨魚綱・板鰓亞綱・弓鯊目・弓鯊總科
時　代：二疊紀後期～白堊紀後期
棲息地：全世界的海洋
體　長：2～2.5公尺

旋齒鯊（*Helicoprion*）

分　類：魚類・軟骨魚綱・全頭亞綱・尤金齒目・旋齒鯊科
時　代：二疊紀
棲息地：日本、北美洲、俄羅斯等地區的海洋
體　長：3公尺以上

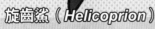

生物
以下將介紹我這5億年來，以妖精身分所見識過的驚奇生物！

PART 4

時代的眼淚

古生代與中生代的驚奇

皮卡蟲嚴選驚奇生物 1

怪誕蟲!!!

搞得奇生物
伯基斯頁岩是在大約500萬年前由泥土凝結而成的岩石，位於加拿大不列顛哥倫比亞省境內。由於這一大塊岩石形成一片片的薄層，宛如一頁頁歷史，記錄著時代的變遷，因此稱為「頁岩」。

我背上的尖刺看起來很帥氣吧？「怪誕蟲」這個名字，代表著想摸清我的底細可沒那麼容易！想當初人類第一次發現我的化石時，被我的外貌嚇了一大跳！還記得那是1911年，人類在伯基斯頁岩挖到我的化石，忍不住大喊：「這個有尖刺又有觸手的生物是什麼？」到了1977年，科學家還誤以為我背上的尖刺是腳，把我的身體上下顛倒了。更慘的是，他們竟然把我被壓扁的屁股當成頭部……想起來就覺得很丟臉。到目前為止，已經有好多科學家被我搞得暈頭轉向，直到不久前，也就是2015年，科學家們才研判出我真正的身體形態與方向，終於找

連科學家都被牠暈頭轉向的超驚

分不清上下前後的神祕古生物

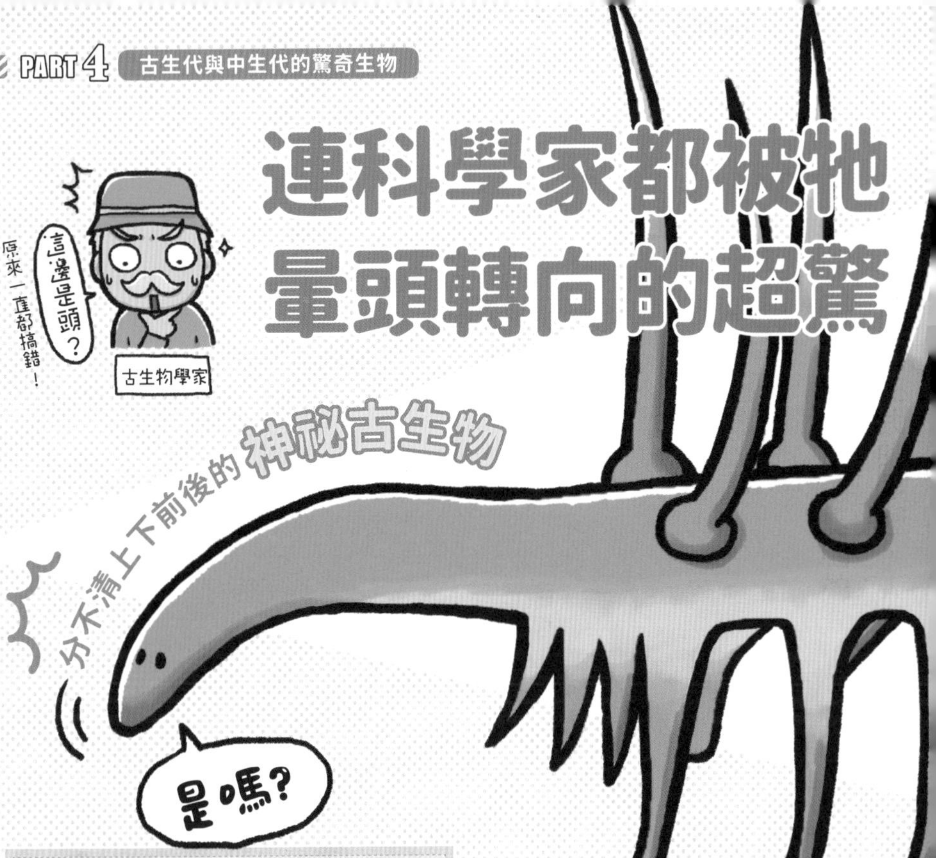

怪誕蟲（*Hallucigenia*）
分　類：有爪生物
時　代：寒武紀
棲息地：北美洲、中國沿海等地
全　長：0.5～3公分

到我的頭部位置，確定我的正確模樣。

我生活在寒武紀的淺海區域，全長只有3公分左右，比皮卡蟲還小一點。在那個時代，我有好多奇奇怪怪的同伴，雖然也有像「奇蝦」那種強悍又凶猛的大傢伙，不過大部分都是身體長度10公分以下的和平生物。我的嘴裡有整排的圓筒狀牙齒，能夠防止食物掉出；背上的尖刺，在眾生物之中顯得前衛又時髦，對我來說，那是防衛用的武器。

在現代的生物中，櫛蠶（*Peripatus*）算是我的親戚，我們腳上都長著爪子，屬於有爪類的生物。

皮卡蟲嚴選驚奇生物 2

歐巴賓海蠍！！！

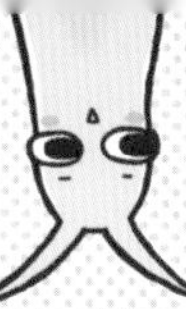

在我所生活的寒武紀，出現各種形形色色的生物，科學家將這個現象形容為「寒武生命紀大爆發」。其中有一些生物的外觀特別古怪，因而得到「寒武紀怪物」的稱號。雖然被稱為怪物，但這些都是曾經生存在地球的生物喔！

我的臉上有5隻眼睛，還有細細長長的管子，大家都說我長得很古怪，是有名的「寒武紀怪物」之一。我的學名「*Opabinia*」聽說是「來自歐巴賓山口（化石發現地點）」的意思。對了，有一件事情讓我相當生氣，當初科學家在古生物學會上公開我的模樣時，在場所有人竟然同時捧腹大笑，

I Can See!

獨一無二的模樣，讓所有的古生物學家捧腹大笑！

真是太失禮了。由於我的外貌幾乎找不到類似的生物，所以也有人叫我「生物界的孤兒」，這個稱號聽起來好帥氣，起碼我自己是不討厭啦！

在我生存的時代，有很多生物都沒有眼睛，而我竟然有5隻眼睛，很厲害吧？對了，聽說第一種有眼睛的生物是三葉蟲。我的眼睛可以看到周圍360度的景象，只要發現敵人靠近，我就可以迅速開溜。我身體兩側的鰭可以像蜈蚣的腳一樣擺動，讓我在水裡前進。

我的頭上長著一根管子，前端的形狀像夾子，可以用來夾住海底的獵物。不過我的動作並不快，而且沒有牙齒，所以只能吃一些柔軟的小生物。可惜皮卡蟲那傢伙逃跑的速度太快，我總是抓不到牠，不然牠那光滑的身體一定非常美味！

歐巴賓海蠍（*Opabinia*）

分　類：節肢生物門・放射齒目・歐巴賓海蠍科
時　代：寒武紀
棲息地：北美洲的海洋等
全　長：7公分

全方位
360°
能夠以長長的管子夾住獵物，
堪稱是寒武紀的「大象先生」
喀嚓
喀嚓

皮卡蟲嚴選驚奇生物 3

房角石!!!

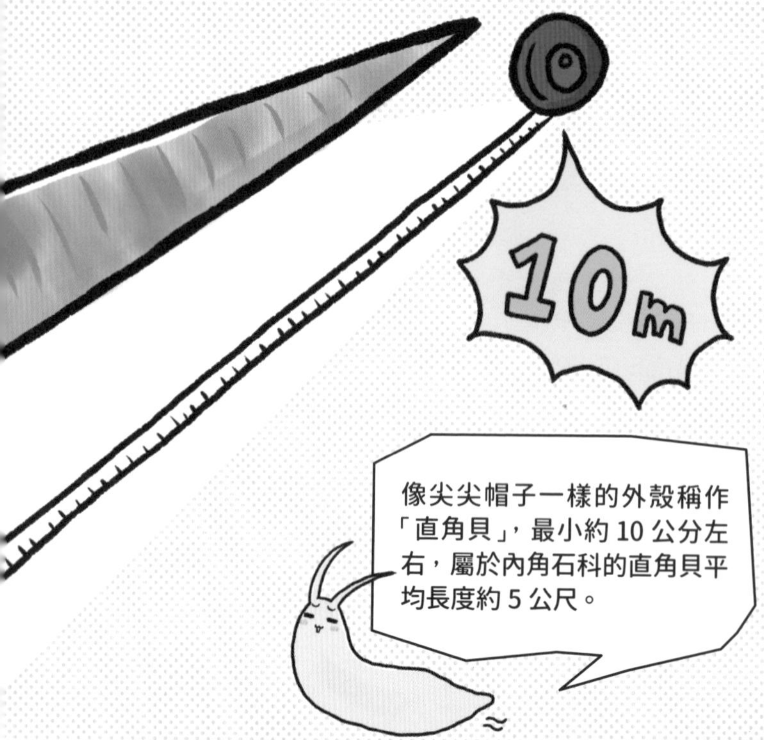
10m
像尖尖帽子一樣的外殼稱作「直角貝」，最小約 10 公分左右，屬於內角石科的直角貝平均長度約 5 公尺。

長度可達 10 公尺！奧陶紀最大的獵人！

在溫暖的奧陶紀，陸地上還沒有生物，海水溫度高達攝氏42度，可說是最舒適的水溫。當時的海底有廣大的珊瑚礁，還有亞蘭達甲魚（*Arandaspis*）等初期的魚種。另外，有「活化石」之稱的鸚鵡螺，也是這個時代出現的生物。

我是「奧陶紀最大的生物」，整個海裡沒有比我更大、更強的生物，因此我在海裡簡直就是為所欲為。三葉蟲和海蠍類生物都是我的食物，當然鸚鵡螺也不例外。我有8隻觸手，能夠用來捕捉獵物，但我的觸手沒有吸盤，與章魚、烏賊的觸手形狀並不相同。

你一定很好奇，我在水裡要怎麼游泳？在我尖尖的直角貝裡，有許多小隔間（氣室），只要調節裡

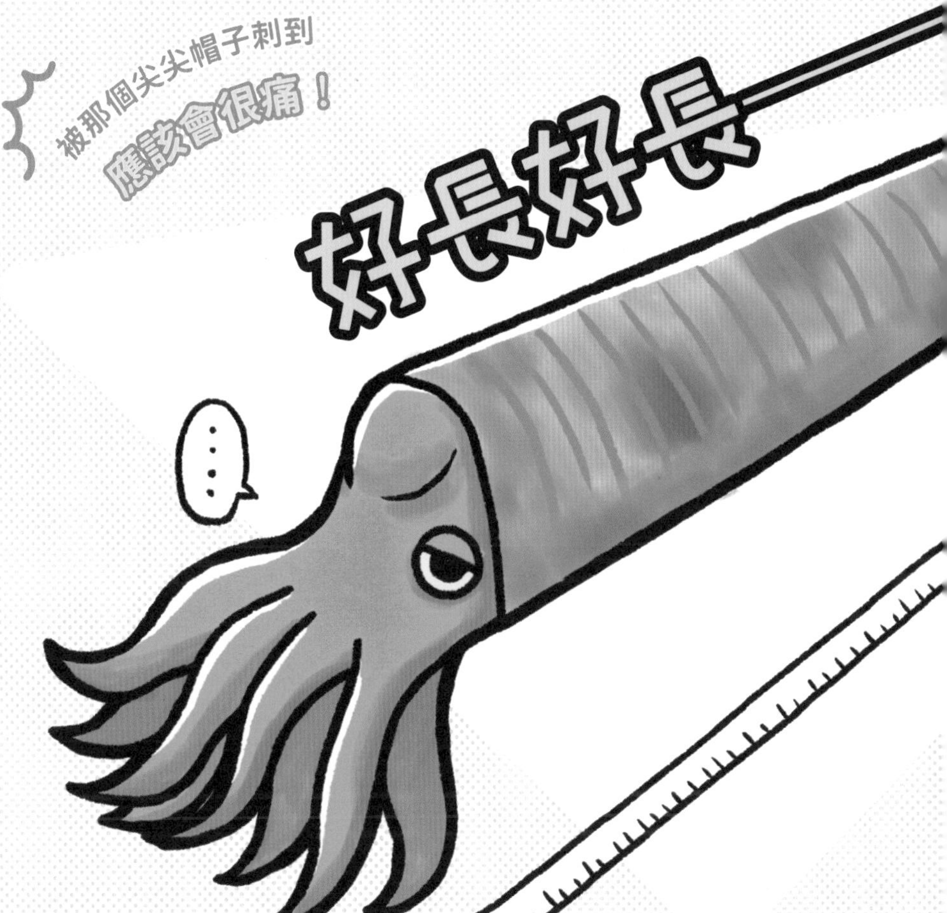
被那個尖尖帽子刺到
應該會很痛！
好長好長
…

面的空氣量和水量，就可以在水中上下移動；只要將吸入體內的水從頭部噴射出去，就可以改變移動的方向。至於我的身體為什麼會變得這麼大，我自己也不明白。

寒武紀
奧陶紀
志留紀
泥盆紀
石炭紀
二疊紀
三疊紀
侏羅紀
白堊紀
古近紀
新近紀

房角石（*Cameroceras*）

分　類：軟體生物門．頭足綱．內角石目．內角石科
時　代：奧陶紀
棲息地：北美洲的海洋等
殼的長度：10公尺

皮卡蟲嚴選驚奇生物 4

板足鱟!!!

我們主要生活在奧陶紀至二疊紀的海中，尤其是在志留紀，幾乎可以說是位居海中食物鏈的頂端。什麼？你說海裡怎麼會有蠍子？讓我來告訴你吧！我們海蠍類生物與現代的蠍子是不一樣的。所謂的海蠍，是指住在海裡的一群「外觀像蠍子一樣的生物」。有人說我們是馬蹄蟹的遠房親戚，是真是假我也不知道。雖然蠍子的祖先也住在海裡，但牠們與我們並不是親戚。

住在陸地上的蠍子，最大的特徵是手上有夾子，但我們海蠍類的親戚，手上有夾子的並不多。我身上的特徵，是尖銳的尾巴和像船槳一樣的後腳。我的學名叫「*Eurypterus*」，原本的意思是「寬大的翅膀」，因為我能夠靠後腳快速游泳，所以才有這個名字，不過其實也不是超級快，大概就是和現代的海龜游泳速度差不多。我真正擅長的是走在海底的砂石上，捕食軟體生物。

我們的身長大約20公分，也有身長超過1公尺的同伴。雖然大家都住在淺海裡，但我偷偷告訴你，我們能夠爬到陸地上。在海裡的時候，我們是用鰓呼吸，而且也有輔助的呼吸器官，所以能在陸地上短暫活動。

海蠍類生物有非常多的種類，有些擅長游泳，有些擅長在海底行走，有些甚至可以爬到陸地上……

表生物！

翅膀」在海裡游泳！

寒武紀
奧陶紀
志留紀
泥盆紀
石炭紀
二疊紀
三疊紀
侏羅紀
白堊紀
古近紀
新近紀

板足鱟（*Eurypterus*）

分　類：節肢生物・鋏角亞門・廣翼綱・板足鱟目・板足鱟科
時　代：志留紀
棲息地：北美洲、歐洲的海洋等
全　長：20公分～1公尺

志留紀的代
用「寬大的

皮卡蟲嚴選驚奇生物 5

巨脈蜻蜓!!!

我們所生活的石炭紀，是一個植物空前發達的時代，到處都是廣大的森林。幸運的是，我們有翅膀能夠在天上飛。據說史上第一種會飛的生物，就是我們這個時代的昆蟲，只要飛到樹幹上就非常安全，不用擔心遭受陸地上生物的攻擊。

咦？你問我的身體為什麼這麼巨大？嗯，現代確實沒有像我們這麼巨大的昆蟲，可能是因為我們在石炭紀沒有天敵吧！而且石炭紀的地球氧氣濃度比現代高大

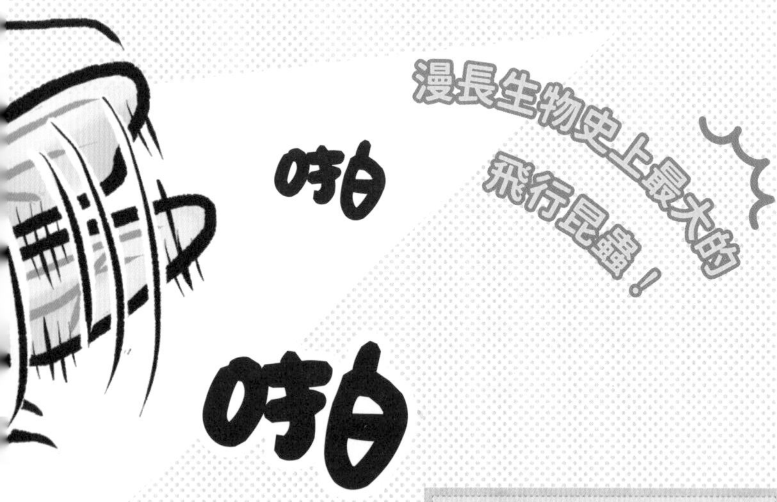
漫長生物史上最大的
飛行昆蟲！
啪
啪

巨脈蜻蜓（*Meganeura monyi*）
分　類：昆蟲綱・魁翅目・巨脈科
時　代：石炭紀
棲息地：歐洲等地
翼　寬：60～70公分

翅膀張開長達70公分的超巨大蜻蜓，
要是生活在現代，絕對超可怕！

約15%，空氣中的氧氣濃度達到35%左右，這讓我們身體的代謝速度大大提升。

我們的翅膀完全攤開，足足有70公分，即使是尚未成蟲前的水蠆時期，體長也有30公分。水蠆時期有鰓，雖然不會游泳，但還是可以在水裡生活，以小魚和蝌蚪為食物。就算是在水裡，我們還是比其他生物大很多，其他生物可能都很怕我們喔！

巨脈蜻蜓不僅會吃其他昆蟲，甚至還會吃爬蟲類生物，無疑是當時位居食物鏈頂端的生物，個性相當凶殘。不過牠並沒有辦法像現代的蜻蜓一樣停滯在半空中。

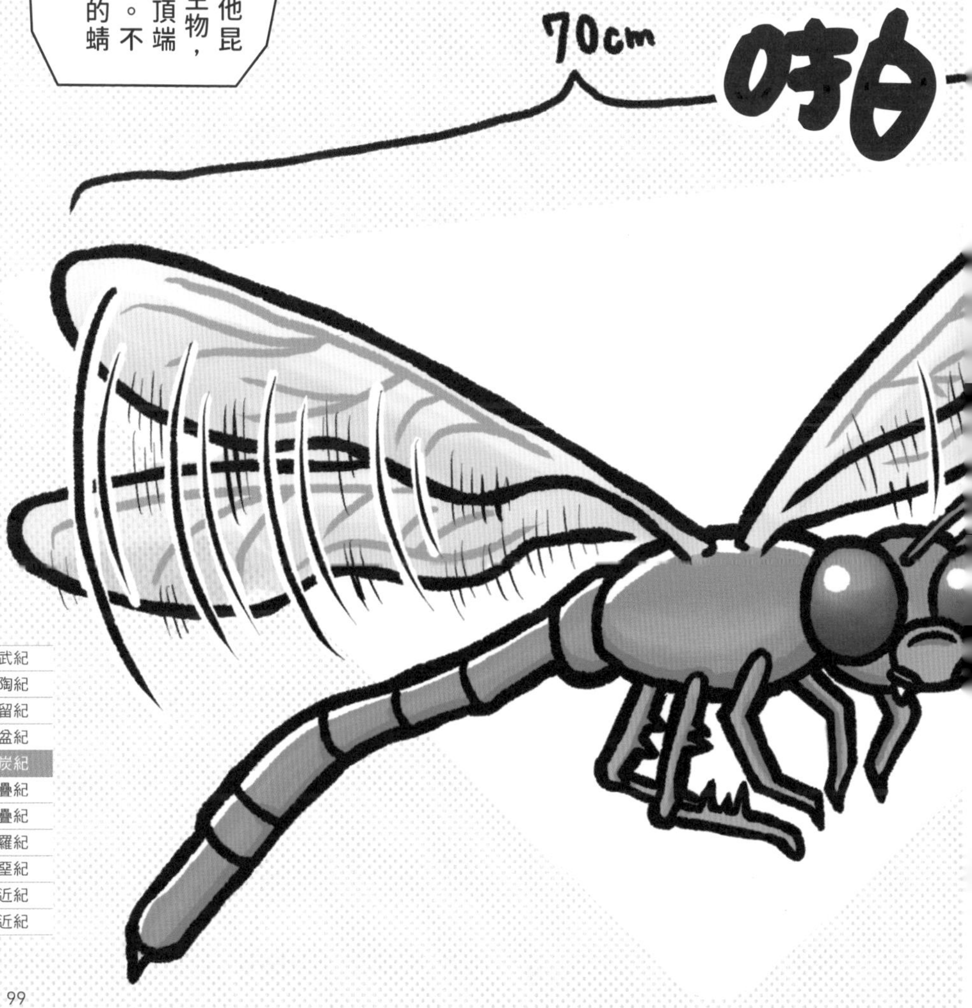

陸生節肢生物……其實喜歡吃草？

節胸蜈蚣！！！

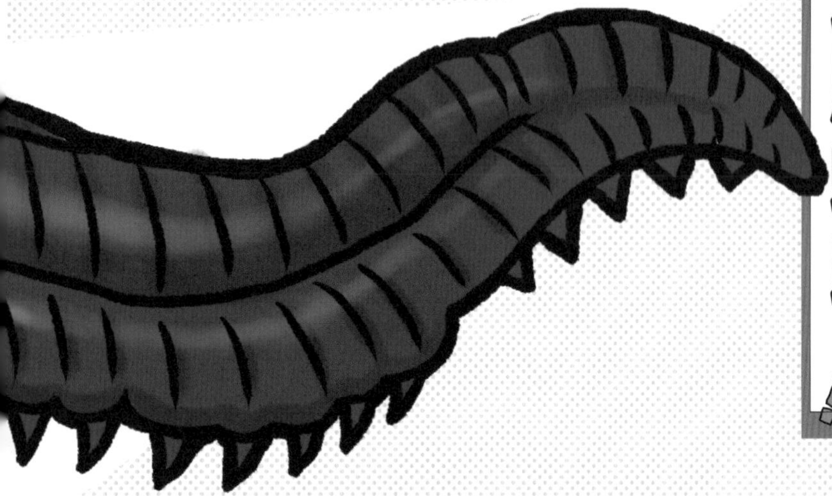

節胸蜈蚣（*Arthropleura*）	
分　類	節肢生物門・節胸綱・節胸目
時　代	石炭紀
棲息地	歐洲等地
全　長	2公尺

我們的身體比現代人類還大！我們與巨脈蜻蜓生活在相同的時代，在節肢生物之中，我們的身體特別巨大。或許是因為沒有什麼脊椎生物想要吃我們，所以我們的身體就演化得越來越大，這樣想起來，其實我們的生活過得挺和平的。

　雖然我們的模樣看起來很凶惡，但別被外表所騙，其實我們是草食性生物，主食是蕨類植物，比起蜈蚣，我們的性情其實更接近馬陸。你問我為什麼？因為蜈蚣是肉食性生物，但是馬陸

史上最大的

雖然名為蜈蚣，其實更像馬陸！

※其實這個時代沒有吉娃娃。

20cm
嚼嚼
嚼嚼
猜猜看，為什麼科學家會知道「節胸蜈蚣」是草食性生物？答案是——科學家在牠的糞便化石裡發現蕨類植物的孢子碎片！

只吃腐葉！就算我們出現在你的身邊，你也不用害怕。咦？你說我們看起來很可怕？沒那回事，我們雖然體型大了一點，但不會把你吃掉，你可以放心。

　可能因為沒有天敵，所以我們有些鬆懈了，沒想到接下來的時期，地球環境變得越來越冷、空氣越來越乾燥、植物越來越少，而且氧氣越來越稀薄……一旦身體太巨大，就會很難適應突如其來的環境變化，植物和氧氣不足，對我們造成致命的打擊，最後就滅絕了。

第一種能在天空滑翔的脊椎動物！

皮卡蟲嚴選驚奇生物

7

空尾蜥!!!

爬蟲類最早出現在石炭紀的末期。由於爬蟲類主要是外溫生物，無法在太寒冷的地方存活，幸好來到二疊紀後期，地球變得越來越溫暖，各式各樣的爬蟲類才得以大量繁殖。

我們名叫空尾蜥，屬於爬蟲類，生活在二疊紀的盤古大陸上，當時的兩棲類生物、合弓類生物，以及其他爬蟲類生物都會跟我們爭奪地盤，但我們在古生物史上名聞遐邇，因為我們是第一個能在天空中飛行的脊椎生物。

在我們出現之前，只有昆蟲能在天上飛。天上的昆蟲老是擺出一副「只能在地上爬的生物實在太遜」的高傲表情，我們出現也算是挫挫牠們的銳氣。不過，我們的飛行能力並不強，只能

從此天空不再只是昆蟲的地盤……
我是脊椎生物飛行的急先鋒！

空尾蜥（*Coelurosauravus*）

分　類：爬蟲類・雙孔亞綱・韋格替蜥科
時　代：二疊紀
棲息地：歐洲、非洲的馬達加斯加島等地
體　長：40公分

在樹木與樹木之間滑翔。

我們的手臂後方有20根以上的細骨，細骨之間有薄膜連結，形成翅膀。如何？是不是很美又很帥氣啊？當初人類剛發現我們的化石時，還誤把我們的翅膀當成魚鰭呢！現代也有一種名叫「飛蜥」的爬蟲類生物能在天空滑翔，而且外貌與我們相似，只是牠們的翅膀是肋骨演化而成的，不像我們的翅膀是由完全獨立的骨頭所組成，非常罕見，簡直就是最完美的翅膀！

寒武紀
奧陶紀
志留紀
泥盆紀
石炭紀
二疊紀
三疊紀
侏羅紀
白堊紀
古近紀
新近紀

皮卡蟲嚴選驚奇生物 8

狼蜥獸!!!

我們是生活在二疊紀後期的可怕獵食者，在這個時代，沒有任何生物是我們的對手。

雖然我們是爬蟲類生物，卻有著很長的犬齒，人類稱呼我們是「有著爬蟲類外型的哺乳動物早期祖先」，但不管叫什麼名稱，都不會改變我們天下無敵的事實。

大多數的爬蟲類，所有的牙齒形狀都相同，而我們的彎刀狀犬齒卻長達12公分，能夠輕易咬死獵物，再以門牙將肉咬下。靠著強硬的犬齒，就算是皮粗肉厚的大型生物，也會變成我們的食物。

而且我們不僅在陸地上身手靈活，還很擅長游泳。我們的游泳方式可不是狗爬式，而是像鱷魚一樣靠著身體靈巧的擺動往前游。我們的臉型很細長，鼻子往前端突出，這樣的形狀能夠減少水中的阻力，讓我們游得更加快速。因此不管是在陸地還是在河邊，任何生物看見我們都會嚇得直發抖。

在恐龍出現之前，地球上有許多像狼蜥獸這樣具有爬蟲類外型的哺乳動物類群，算是哺乳類祖先的親戚。要是被那尖銳的犬齒咬上一口，一定會沒命的！

超大型肉食性狩獵者！連皮粗肉厚的獵物也可以一口咬死！

狼蜥獸（*Inostrancevia*）

分　類：合弓亞綱・獸孔目・獸齒亞目・麗齒獸科
時　代：二疊紀
棲息地：俄羅斯等地
全　長：4.5公尺

皮卡蟲嚴選驚奇生物

9

真雙型齒翼龍!!!

到了後來的侏羅紀初期，又出現一種名叫雙型齒翼龍（*Dimorphodon*）的生物，但跟這篇介紹的真雙型齒翼龍（*Eudimorphodon*）是兩種完全不同的生物，這兩種翼龍並非親戚，而且生活的時代完全不同，只是剛好長得像而已。
其實我是吃魚的。

你問我厲害在哪？我告訴你，我可是人類發現的所有翼龍中，最古老的一種。如果你喜歡恐龍，應該聽說過翼龍吧？我們在三疊紀就出現了，比號稱鳥類之中最古老的始祖鳥還早了5千萬年。

這個時期有很多爬蟲類在空中滑翔，但能夠真正飛上天空的只有我們！通常要在空中滑翔，得先爬到非常高的地方，但我們不用那麼麻煩，我們前腳的第四根指頭非常長，而且有一片非常

並非只會滑翔 而是真的能飛上天的 最古老翼龍！

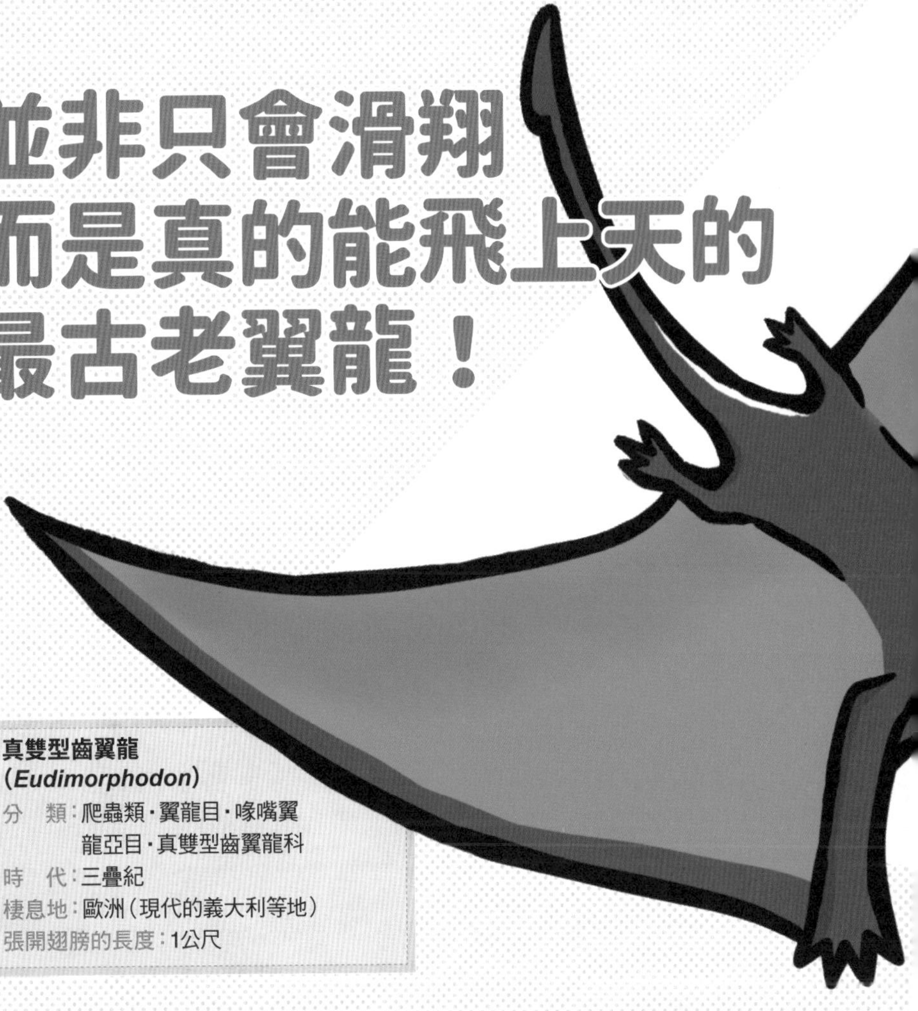

真雙型齒翼龍
(*Eudimorphodon*)

分　類：爬蟲類・翼龍目・喙嘴翼龍亞目・真雙型齒翼龍科
時　代：三疊紀
棲息地：歐洲（現代的義大利等地）
張開翅膀的長度：1公尺

大的皮膚與身體相連，形成翅膀，所以可以飛上天，加上長尾巴的末端長成菱形，可以協助我們在空中改變方向和維持平衡。

我們的學名是「*Eudimorphodon*」，原始的意思是「真正擁有兩種類型的牙齒」，我們有兩種不同的牙齒，一種是嘴巴前端的尖牙，另一種是嘴巴內側的細碎牙齒，所以可以咬住表面光滑的東西，有助於從水面捕捉魚兒。很多種類的翼龍都和我們一樣喜歡吃魚，但只有真雙型齒翼龍的牙齒長成這個模樣。

★ 生物大滅絕 ★

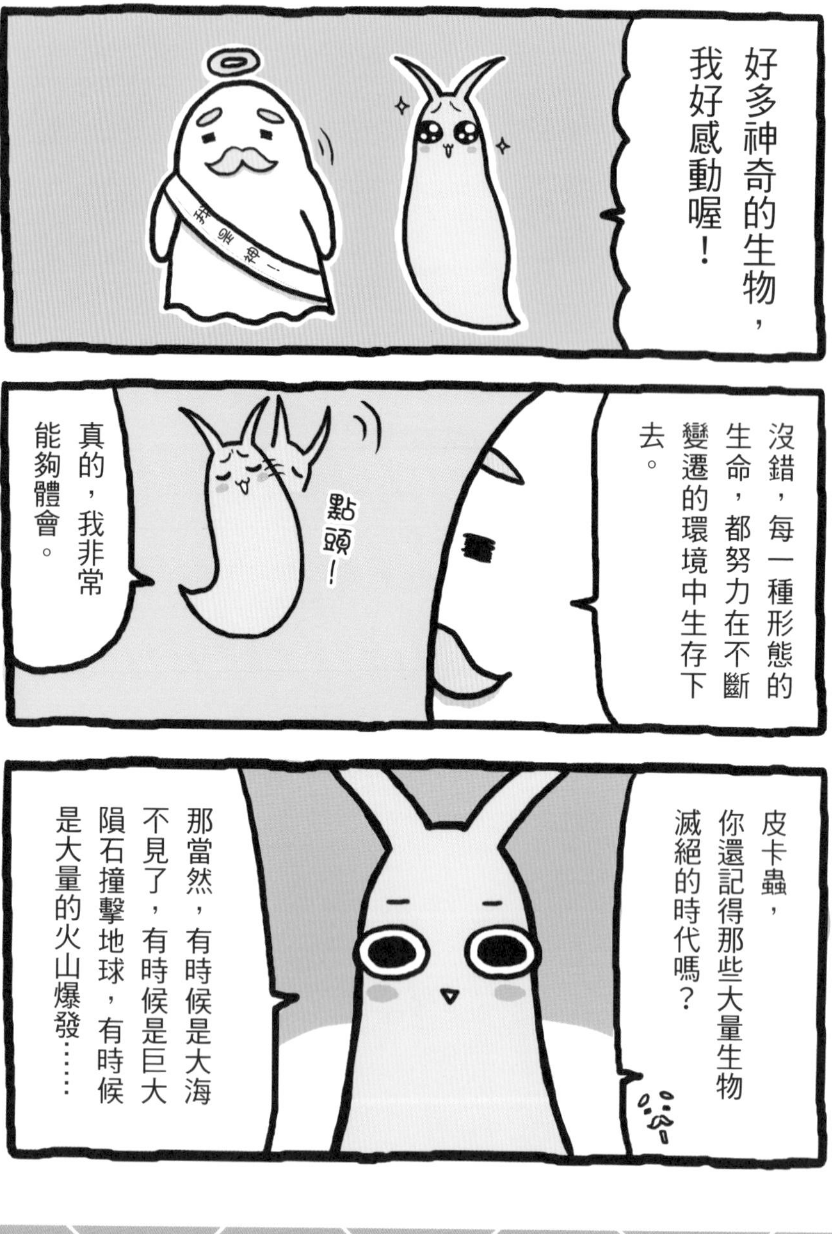
好多神奇的生物，
我好感動喔！
沒錯，每一種形態的
生命，都努力在不斷
變遷的環境中生存下
去。
點頭！
真的，我非常
能夠體會。
皮卡蟲，
你還記得那些大量生物
滅絕的時代嗎？
那當然，有時候是大海
不見了，有時候是巨大
隕石撞擊地球，有時候
是大量的火山爆發……

地球板塊會不斷移動，所以地球的環境有時候會變熱、有時候會變冷。
動動動……
我是神！
像那種火山突然爆發的狀況，我可不想再遇上一次！
轟！
嘿嘿！
5大事件
生物大滅絕的事件總共發生過5次呢！
我是神！
原來已經發生過5次了……
看著遠方。
那些痛苦的日子……
沒錯！
很可怕吧！

在這5億年間，曾經有5個時期，地球的環境條件變得非常嚴苛，很多的生物就此滅絕。
那時我活得好痛苦
球生物
大滅絕
咚——

PART 5
5次地
轟——隆！

大滅絕事件 1

奧陶紀末期

4億4400萬年前

85%生物大量滅絕！

奧陶紀時期的地球

岡瓦納大陸遭冰川覆蓋，生物們居住的淺水區都乾涸了！

就像房角石在前面說的（94頁），奧陶紀時期的地球非常溫暖。北半球幾乎都是大海，所有的陸地都集中在南半球，其中最大的陸地是岡瓦納大陸。在這個時代，陸地上還沒有生物，大部分的生物都居住在沿海的淺水區域（32頁），水裡有著各式各樣沒有下顎的魚類，鸚鵡螺的親戚在這個時期是最可怕的獵食者。

海水的溫度大約是攝氏42度，相當於人類泡溫泉的溫度。我們原本一直住在這麼溫暖的海水裡，但是到了奧陶紀末期，海水溫度下降至攝氏23度，岡瓦納大陸上出現「冰蓋」。所謂「冰蓋」，指的是覆蓋在廣大土地上

出現大量的厚冰覆蓋整個大陸，形成冰蓋……

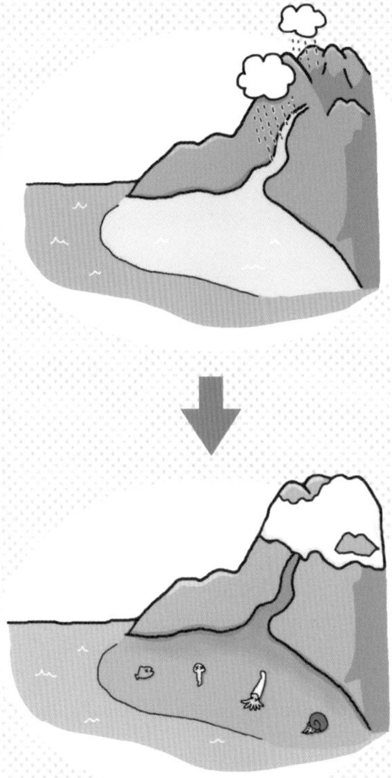

當氣候處於溫暖狀態，地球上的水循環會非常旺盛，陸地的水會沿著河川流向大海。

但是當陸地上出現巨大的冰蓋，水循環就會停止，河川也會乾涸。

淺海處的水都消失了，生物就無法生存。

並非只有天敵會帶來威脅，某一天棲息地可能會突然消失……
西伯
勞倫大陸
波羅的大
巨神海

的厚冰，目前地球僅存的冰蓋只有「南極冰蓋」和「格陵蘭冰蓋」。

如果只是海水溫度降低，或許還可以勉強忍耐，然而麻煩的問題還不只這個。在正常的情況下，地球上的水會變成雨，降落在高山或平原上，接著匯聚成河川流向大海；但是當大陸出現冰蓋之後，原本應該流向大海的水都凍結了，沒有辦法流入海中，導致海平面越來越低，原本適合生物居住的淺水區都乾涸了，這就是導致85%的生物大量滅絕的主因——如果是遇上天敵，還有機會可以逃走，但是長久棲息的環境消失，生物們就只有死路一條。

在泥盆紀，除了岡瓦納大陸，還有另外一塊大陸，名叫歐美大陸，從名字就看得出來，這塊大陸是由現在的歐洲與美洲結合而成，上面不僅有巨大的山脈，還有許多河川和森林。

泥盆紀時代再次發生地球陷入寒冷化而導致生物大量滅絕的現象。當時我還住在海裡，我也不清楚為什麼地球會變冷，而且居住在海裡的生物種類，與居住在河川或湖泊等淡水裡的生物，在滅絕的比例上有很大的差異，實在是令人一頭霧水啊！

這個時代的主要魚類，有率先演化出下顎的盾皮類，及背部、腹部有著像尖刺般魚鰭的棘魚類。盾皮類的魚可以靠著強而有力的下顎獵殺棘魚

泥盆紀時期的地球

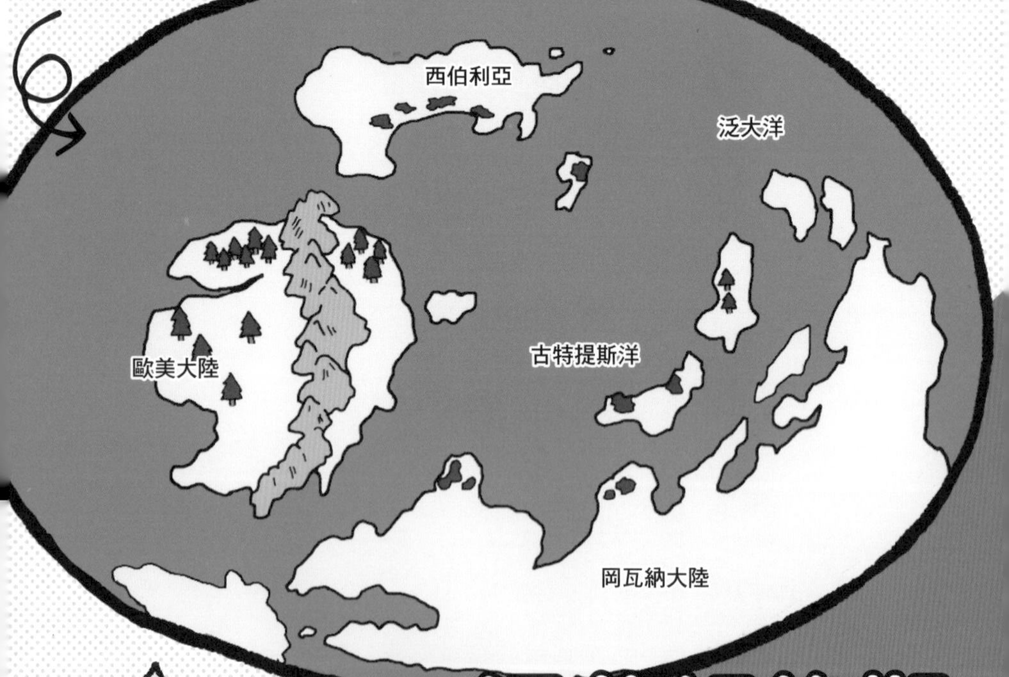
西伯利亞
泛大洋
古特提斯洋
歐美大陸
岡瓦納大陸

大滅絕事件 2

泥盆紀後期

3億7400萬年前

類的魚，但棘魚類的魚也可以靠著像尖刺一樣的魚鰭，讓獵殺者無法將自己一口吞下。

盾皮類之中，住在海水裡的魚種有65％滅絕，住在淡水裡的魚種有23％滅絕；至於棘魚類，住在海水裡的魚種有87％滅絕，住在淡水裡的魚種有30％滅絕。泥盆紀的海水原本也很溫暖，所以住在海裡的魚種比較沒辦法承受寒冷。這也代表淡水魚種擁有比較高的適應能力。

另外，還有一些屬於腕足類的貝類生物，棲息於赤道附近低緯度地區，他們有91％的物種滅絕，但是棲息在高緯度地區的物種卻只有27％滅絕，這點至今也是連科學家都不知道為什麼。

地球不知為何突然變得寒冷，導致海中生物大量滅絕！

居住的地區不同，滅絕的比例也完全不同！

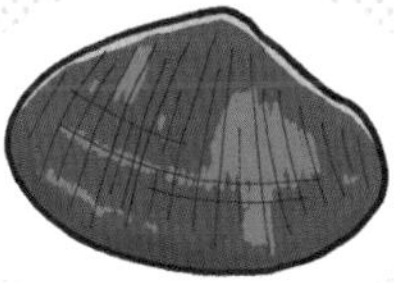

腕足類

赤道附近：91%滅絕
高緯度地區：27%滅絕

盾皮類

海水中：65%滅絕
淡水中：23%滅絕

棘魚類

海水中：87%滅絕
淡水中：30%滅絕

原本在海中互相爭奪地盤的盾皮類魚種和棘魚類魚種幾乎都滅絕後，海中開始出現大量的輻鰭類魚種。現代生活在海中的魚，絕大部分都是這個魚種。

大滅絕事件 3

二疊紀末期

約2億5100百萬年前

95%生物大量滅絕！

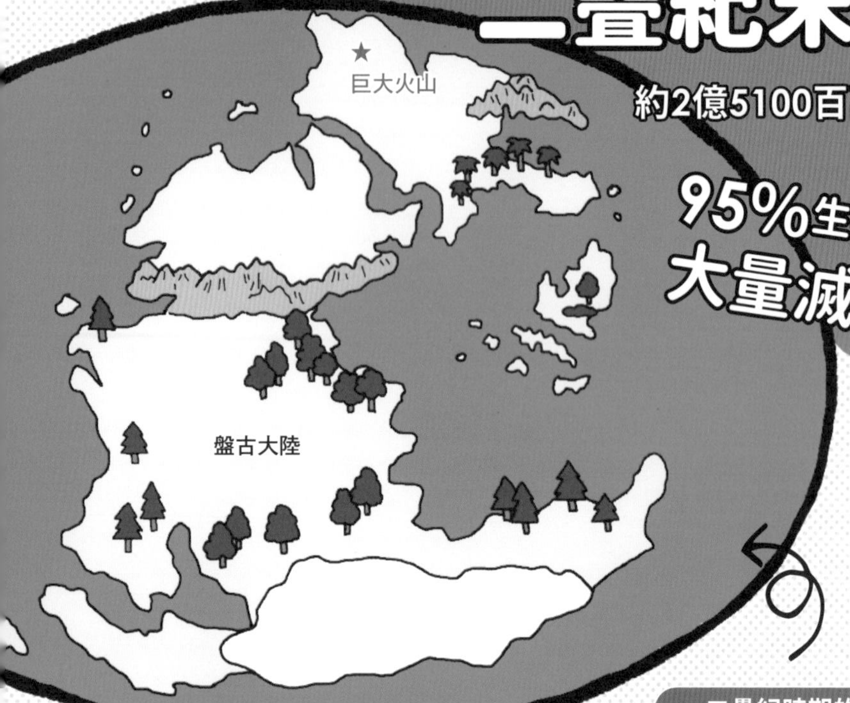

二疊紀時期的地球

在二疊紀，地球上只有一塊巨大的大陸，稱為「盤古大陸」，原始的意思是「所有的大陸」。當初歐美大陸上的森林都消失了，取而代之的是廣大的沙漠地帶，一些兩棲類、爬蟲類和合弓類的凶猛生物在這個時代裡競爭食物鏈頂端的寶座（例如104頁介紹的狼蜥獸也是合弓類生物）。

我在前面回顧演化歷史的時候也曾提到過，這個時期忽然發生大規模的火山爆發（50頁），向上噴發的岩漿高達2千公尺，濃稠的岩漿落在地面上不斷引起大火燃燒。在現在的西伯利亞，還能找到二疊紀火山噴發岩漿所形成的岩石，稱為「洪流式玄武岩」，大小相當於我們臺灣群島（包含臺、澎、金、馬）面積的200倍。

沒有辦法吸到氧氣的感覺超痛苦，

巨大火山噴出岩漿，形成缺氧的地獄！

大規模火山爆發
火山灰瀰漫整個地球的天空
太陽光照射不到地表
植物因寒冷而枯死
人類要能存活，氧氣濃度必須在18%以上。如果氧氣濃度只有10%，人類會陷入昏厥狀態；要是掉到8%以下，人類會在7、8分鐘之內死亡。由此可知當時的環境對生物有多麼嚴苛！
ハァ
ハァ
ハァ
ハァ
整個地球的氧氣濃度從30%掉到10%以下！

當時我是全長約45公分的肉食性生物「三尖叉齒獸」（我知道這個名字很難念，請不要念錯）。總之，因為太痛苦，很多事情我都不記得。火山大量噴發後發生了什麼事，日前科學界有兩派說法：第一種說法，是因為火山大量爆發的關係，煙霧瀰漫天空，就算是大白天，太陽光也無法照射到地面，整個地球陷入一片黑暗，也變得越來越寒冷，導致植物都枯死了。

第二種說法則是，因為氧氣減少、二氧化碳增加的關係，導致地球氣溫上升，硫化氫破壞了大氣中的臭氧層，大量的紫外線直接照射地球。

不管地球是變冷或變熱，我都無法忍受！在二疊紀的末期，包含海中和陸上的生物約有95%滅絕，堪稱「地球史上最慘烈的大滅絕事件」！

寒武紀
奧陶紀
志留紀
泥盆紀
石炭紀
二疊紀
三疊紀
侏羅紀
白堊紀
古近紀
新近紀

到了三疊紀，盤古大陸變得越來越乾燥，因此出現許多較能適應乾旱的爬蟲類。這些爬蟲類平安度過了二疊紀末期的大滅絕事件，到了三疊紀開始大量出現在海中和陸地上。差一點滅絕的我也勉強存活了下來，但這個時代的氧氣濃度只有15%左右，人類是無法存活的。

陸地上的爬蟲類是最早適應低氧氣環境的生物，牠們開始能在陸地上快步奔跑，而非只是像鱷魚一樣慢慢踏步，所以後來演化成為主龍類和恐龍類生物。

這個時期出現很多神奇的爬蟲類生物，前面提過的真雙型齒翼龍（106頁）就是最好的例子。但是到了三疊紀末期，再次發生生物大量滅絕的現象，就連科學家也不明白這個時期生物大量滅絕的原因是什麼，他們提出各種看法，其中最有名的是「巨大隕石撞擊地球造成生物滅絕」這個說法。根據這派說法，有一顆直徑約8公里、重達5千億噸的巨大隕石，在

大滅絕事件4

三疊紀末期

約2億130萬年前

70%生物大量滅絕！

2億1500百萬年前撞擊地球（但這有一個問題，那就是生物的滅絕是到了2億130萬年前才開始發生），這顆巨大隕石現在位於加拿大的魁北克省，撞出直徑約100公里的巨大隕石坑。另外，也有科學家認為，生物大量滅絕的原因是盤古大陸分裂時所產生的大規模火山活動。

總之，這次生物大滅絕事件造成海中和陸地上約70％的生物滅絕，包含鱷魚（84頁）在內的鑲嵌踝類和合弓類等，有非常多物種都在此時滅絕。少部分的恐龍在三疊紀滅絕事件中存活下來，並且在下一個時代大量繁殖，這是因為牠們的呼吸系統出現突破性的演化，擁有能將氧氣長時間囤積在體內的「氣囊系統」，可以適應空氣稀薄的環境，就像現代的鳥類一樣。之後，恐龍和鳥類的數量也越來越多。

鳥類及恐龍的氣囊系統原理

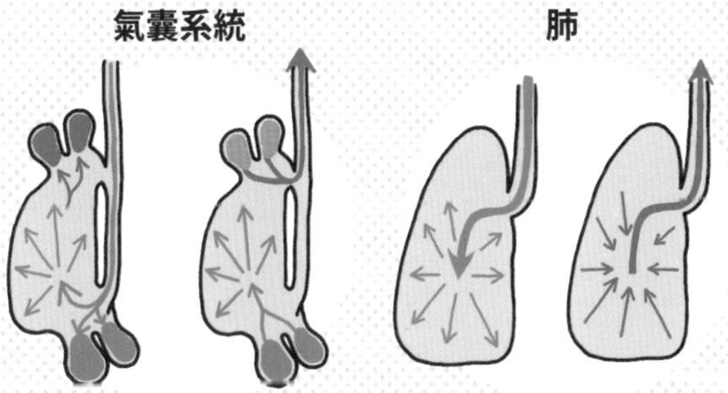
氣囊系統
肺

即使是在吐氣的時候，肺中依然儲存著氧氣，所以隨時都能將新鮮的氧氣送入身體各處。

吸氣和吐氣沒辦法同時進行，所以氧氣沒辦法長期儲存在肺中。

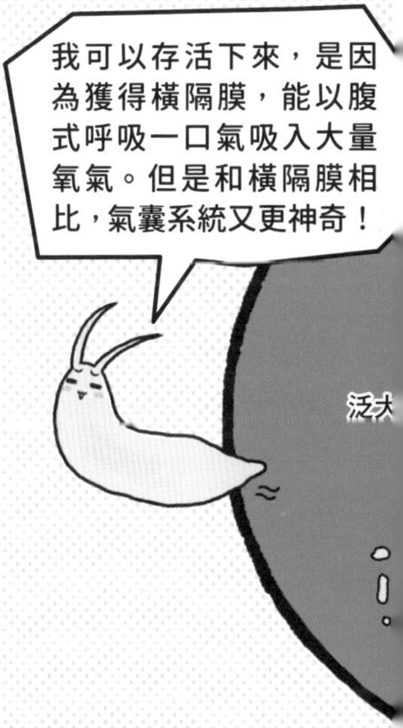
我可以存活下來，是因為獲得橫隔膜，能以腹式呼吸一口氣吸入大量氧氣。但是和橫隔膜相比，氣囊系統又更神奇！

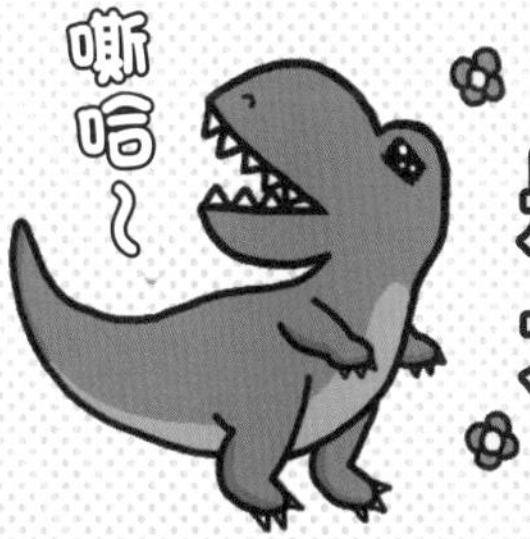
嘶哈～

是隕石，還是火山？大量滅絕的原因依然成謎！

寒武紀
奧陶紀
志留紀
泥盆紀
石炭紀
二疊紀
三疊紀
侏羅紀
白堊紀
古近紀
新近紀

大滅絕事件 5

白堊紀末期

約6550萬年前

北美洲
歐洲
亞洲
★ 隕石落下地點
非洲
南美洲
特提斯洋
印度
澳洲
南極

70%生物大量滅絕！

超巨大隕石撞擊！地球陷入一片黑暗！

侏羅紀與白堊紀是恐龍的全盛時期，此時地球上已經沒有完整的巨型大陸，原本的盤古大陸四分五裂，形成如今的歐洲、非洲、南美洲、印度等區塊，在海上各自獨立，但北美洲和亞洲還相連在一起，另外南極洲和澳洲也是相連在一起。由於大陸分裂的關係，生物在不同的陸地上各自演化出不同的面貌。

但是，就在白堊紀的末期，巨大的隕石撞擊地球。這顆隕石的直徑約10～15公里，這麼巨大的隕石撞到地球上，直接導致半徑1千公里內的生物當場死亡，地面撞擊處的溫度高達1萬度，大量的岩石被震飛上高空，接著又從大氣層墜落地表，數小時之後，各地都出現巨大的海嘯，這些都對地球造成很大的傷害。

因為隕石的撞擊，產生大量的灰塵，這些灰塵形成厚厚的雲層，導致

巨大隕石撞擊所引發的「寒冬」

巨大隕石撞擊地球

隕石撞擊地球的瞬間，大量灰塵籠罩整個地球的天空。

太陽光無法照射至地表

灰塵形成非常厚的雲層，遮蔽太陽光，讓地球陷入一片黑暗。

整個地球進入寒冬狀態

植物枯死，氣溫驟降，整個地球彷彿進入永恆的寒冬。

體型越大的生物，要維持生命就必須消耗越多的能量。此時體重超過25公斤的生物大部分都滅絕了！

太平洋

白堊紀時期的地球

陽光無法照射至地表。還記得嗎？在二疊紀末期，發生大量火山爆發的時候，地球也曾經像這樣變得一片漆黑（116頁），當時的地球還陷入氧氣稀薄的狀態。

在這個時代，植物都因照射不到陽光而枯死，氣溫迅速下降，整個地球變得非常寒冷。生物們當然也都沒有食物可以吃，日子過得非常痛苦（54頁）。隕石的衝擊，讓全世界瞬間進入酷寒的世界。

衝擊造成的隕石坑直徑約180公里，位在今日的墨西哥灣。到目前為止，這是地球上最後一起生物大滅絕事件。恐龍時代持續了長達1億6400百萬年，卻在一夕之間全部滅亡……地球接下來還會發生什麼事，沒有人能夠預測。

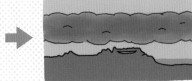

謝謝你們閱讀這本書，
我真的太開心了！
對於我這5億年來的演化故事，
不知道你有什麼感想？

你是在哪裡閱讀這本書？

家裡的客廳？
自己的房間？
還是學校的圖書館？

在叢林裡或莽原上讀完這本書的讀者，
應該很少吧……

你生活在現代的文明世界之中，

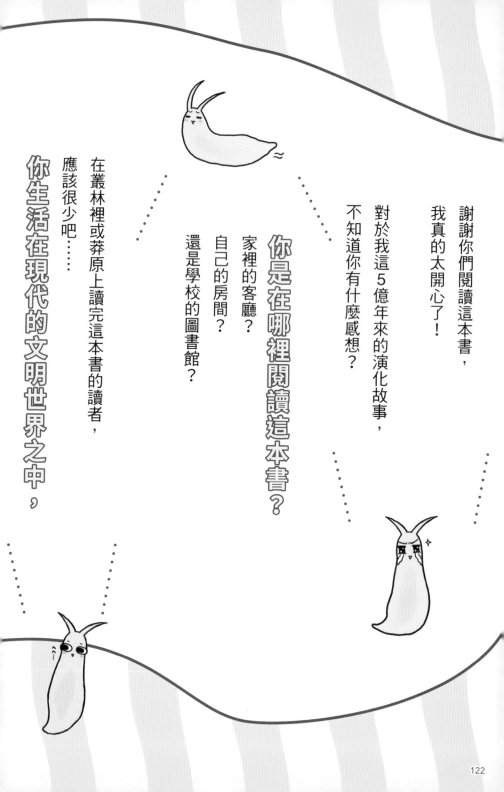

讀完這5億年的故事，你有什麼感想呢？

但是在我的眼裡，人類建立文明的歷史還相當短，
和我延續遺傳基因的5億年歲月相比，不過是一眨眼的功夫……

在未來的時代，
地球一定還會發生各式各樣的事情！

然而就連這麼弱小的我，都順利熬過來了。
包含人類在內，生物想要生存下去的意志力是非常偉大的！

不過有一點必須特別注意……
那就是不能因為變得太強大而得意忘形。

能力越是強大，
越是應該保持善良和謹慎的心態。

只要能做到這一點，
相信人類不管面臨再大的危機都能加以克服！

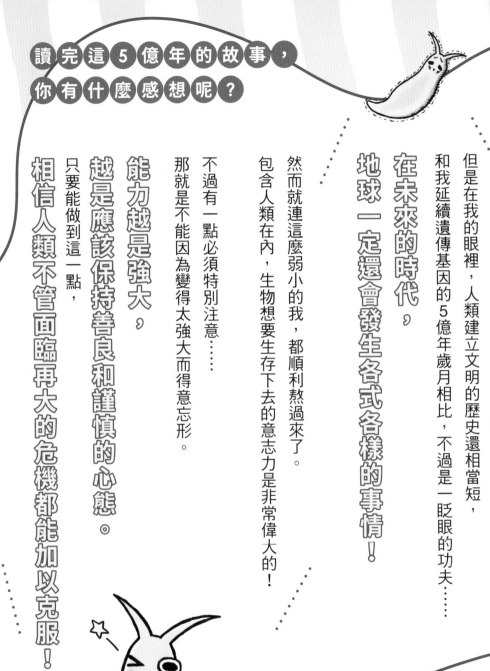

所謂探究，就是開啟驚奇與感動的大門

地球環境的變化，總會帶給生命一次又一次的危機。
火山爆發、隕石撞擊、極度寒冷、極度高溫、氧氣缺乏……
面對這一連串對生命造成威脅的事件，
古生物們靠著改變自己的形態和樣貌順利度過重重難關。

如今我們人類同樣面臨著各種不同的危機：
例如：極端氣候、病毒疫情蔓延……
或許在未來，會有許多故事，
來描述人類同心協力克服這些危機的過程。

我們的身體乍看之下平凡無奇，
其實承載著許多演化的祕密。
只要多了解一些知識，
原本看似理所當然的日常景象，就會變得截然不同，
看著自己的身體，想像著古生物們，

或許我們會對自己的身體說一聲「謝謝」。

學習最大的好處，就是藉由知識改變看待事物的方式，
原本枯燥乏味的每一天，都將因知識而充滿驚奇與感動。

本書所談論的主題是「演化」，
除此之外，世界上還隱藏著各式各樣令人渴望探究之謎；
像是「宇宙是怎麼誕生的？組成地球的元素是從哪裡來的？」
這類大到令人難以想像的問題。
或者「蜂窩為什麼是六角形？火山為什麼會爆發？」
這些比較貼近生活的問題。
遇上問題的時候，只要努力找出「為什麼」，
最後就能嘗到「原來如此」的驚奇與感動。
你願不願意藉由探究，打開通往驚奇與感動的大門呢？
但願本書能夠成為驅使你願意付諸行動的一份鼓勵。

——探究學舍講師　向敦史

古生物學名索引

三畫

四畫

五畫

六畫

七畫

八畫

九畫

十畫

國家圖書館出版品預行編目 (CIP) 資料

好奇孩子大探索：危機就是轉機，古生物生存圖鑑
監修：探究學舍｜翻譯：李彥樺｜審訂：蔡政修 .
-- 初版 . -- 新北市 : 小熊出版 : 遠足文化事業股份
有限公司發行 , 2021.11
128 面 ; 14.8×21 公分 . --（廣泛閱讀）
譯自：弱すぎ古生物？ピンチはチャンス！なんだかんだで生き残ったニンゲンの祖先のはなし
ISBN 978-626-7050-27-9（平裝）
1. 古生物 2. 演化 3. 化石

359　　110016905

廣泛閱讀

好奇孩子大探索：危機就是轉機，古生物生存圖鑑

監修：探究學舍｜翻譯：李彥樺｜審訂：蔡政修（國立臺灣大學生命科學系助理教授）

總編輯：鄭如瑤｜主編：施穎芳｜責任編輯：廖冠濱｜美術編輯：楊雅屏｜行銷副理：塗幸儀

社長：郭重興｜發行人兼出版總監：曾大福
業務平臺總經理：李雪麗｜業務平臺副總經理：李復民
海外業務協理：張鑫峰｜特販業務協理：陳綺瑩｜實體業務協理：林詩富
印務協理：江域平｜印務主任：李孟儒
出版與發行：小熊出版・遠足文化事業股份有限公司
地址：231 新北市新店區民權路 108-3 號 6 樓
電話：02-22181417｜傳真：02-86671851
客服專線：0800-221029｜客服信箱：service@bookrep.com.tw
劃撥帳號：19504465｜戶名：遠足文化事業股份有限公司
E-mail：littlebear@bookrep.com.tw｜Facebook：小熊出版
讀書共和國出版集團網路書店：http://www.bookrep.com.tw
團體訂購請洽業務部：02-22181417 分機 1132、1520

法律顧問：華洋法律事務所：蘇文生律師｜印製：凱林股份有限公司
初版一刷：2021 年 11 月｜定價：350 元｜ISBN：ISBN 978-626-7050-27-9

小熊出版官方網頁　小熊出版讀者回函